蔡俊雄 刘 哲 彭 颖 / 主编

湖北省『十四五』生态环境保护策略研究

中国环境出版集团 · 北京

图书在版编目（CIP）数据

湖北省"十四五"生态环境保护策略研究 / 蔡俊雄，
刘哲，彭颖主编. -- 北京 : 中国环境出版集团，2025.
4. -- ISBN 978-7-5111-6200-7

Ⅰ. X321.263

中国国家版本馆CIP数据核字第20253B7F72号

责任编辑	丁莞歆
封面设计	岳　帅

出版发行	中国环境出版集团
	（100062　北京市东城区广渠门内大街 16 号）
	网　　　址：http://www.cesp.com.cn
	电子邮箱：bjgl@cesp.com.cn
	联系电话：010-67112765（编辑管理部）
	010-67147349（第四分社）
	发行热线：010-67125803，010-67113405（传真）
印　　刷	北京中科印刷有限公司
经　　销	各地新华书店
版　　次	2025 年 4 月第 1 版
印　　次	2025 年 4 月第 1 次印刷
开　　本	787×1092　1/16
印　　张	12.25
字　　数	210 千字
定　　价	89.00 元

编委会

前言

　　"十四五"时期是开启全面建设社会主义现代化国家新征程、向着第二个百年奋斗目标进军的第一个五年，是谱写美丽中国建设新篇章、促进经济社会发展全面绿色转型、实现生态环境质量改善由量变到质变的关键时期。开展湖北省"十四五"生态环境保护策略研究，对于完整准确全面贯彻落实新发展理念，服务和融入新发展格局，率先在中部地区走出一条生态优先、绿色崛起的新路子，助力湖北加快"建成支点、走在前列、谱写新篇"具有重要的意义。

　　湖北位于长江中游、洞庭湖以北，东邻安徽，南接江西、湖南，西连重庆、四川，西北与陕西接壤，北与河南毗邻，地跨北纬 29°01′53″ ~ 33°6′47″、东经 108°21′42″ ~ 116°07′50″，辖 12 个地级市、1 个自治州、39 个市辖区、26 个县级市、37 个县（其中 2 个自治县）、1 个林区，全省总面积 18.59 万 km²，占全国总面积的 1.94%。湖北是生态大省，有武陵山区等一大批国家重要生态功能区，生物多样性十分丰富，是长江流域重要的水源涵养地和国家重要的生态屏障；湖北是江河大省，是长江干流、径流里程最长的省份，除长江、汉江干流外，省内各级河流长度在 5 km 以上的有 4 229 条，河流总长为 5.9 万 km，是三峡库坝区和南水北调中线工程核心水源区所在地；湖北是湖泊大省，素有"千湖之省"的美誉，纳入省级湖泊保护名录的湖泊有 755 个，水面面积 1 km² 以上的湖泊有 231 个；湖北是山林大省，拥有被誉为"华中之肺""植物王国"的神农架，山林面积占全省总面积的2/3；湖北是农业大省，是我国重要的商品粮、棉、油生产基地和最大的淡水产品生产基地，油菜籽、淡水鱼产量居全国第一；湖北是人文大省，有著名的道教圣地武当山，也有巍峨的"红色摇篮"大别山，还拥有璀璨的历史文化。湖北省委、省政府坚持以习近平新时代中国特色社会主义思想为指导，贯彻落实习近平生态文明思想和习近平总书记历次考察湖北时的重要讲话精神，牢固树立新发展理念，实施"生态立省"战略，坚决扛起长江保护与修复的政治责任，坚持"共抓大保护、不搞大开发"，统筹做好生态修复、环境保护、绿色发展，扎实推进长江大保护"双十工程"和"四个三重大生态工程"，全面打好污染防治攻坚战，统筹推进生态文明体制改革，全省生态环境质量持续改善，生态环境安全得到有效保障。

党的十九大报告提出"建设生态文明是中华民族永续发展的千年大计"，将生态文明建设提升到前所未有的高度，将"坚持人与自然和谐共生"作为习近平新时代中国特色社会主义思想的基本方略之一。党的二十大报告提出，"尊重自然、顺应自然、保护自然，是全面建设社会主义现代化国家的内在要求。必须牢固树立和践行绿水青山就是金山银山的理念，站在人与自然和谐共生的高度谋划发展。"2023 年，习近平总书记在全国生态环境保护大会上强调，今后五年是美丽中国建设的重要时期，要深入贯彻新时代中国特色社会主义生态文明思想，坚持以人民为中心，牢固树立和践行"绿水青山就是金山银山"的理念，把建设美丽中国摆在强国建设、民族复兴的突出位置，推动城乡人居环境明显改善、美丽中国建设取得显著成效，以高品质生态环境支撑高质量发展。中共湖北省委十一届九次全会提出要加快建设美丽湖北，率先实现绿色崛起；深入推进长江大保护，加强生态环境综合治理，推动减污降碳协同增效，加快全面绿色转型，筑牢生态安全屏障，确保"一库清水北送""一江清水东流"，推动湖北在中部地区率先实现绿色崛起。湖北省第十二次党代会提出，要深入践行"绿水青山就是金山银山"的理念，坚持降碳、减污、扩绿、增长协同推进，加快布局"双碳"发展新赛道，建立健全绿色低碳循环发展经济体系，把生态价值转化为经济价值，把生态优势转化为经济优势，建设人与自然和谐共生的美丽湖北。"十四五"时期，湖北省要高举习近平生态文明思想旗帜，把"绿水青山就是金山银山"理念贯彻落实到生态环境保护全过程和各领域，立足新发展阶段，完整准确全面贯彻新发展理念，服务和融入新发展格局，牢牢把握推动长江经济带发展的"五大关系"，要保持生态文明建设的战略定力，坚持减污降碳协同，坚持方向不变、力度不减，深入打好污染防治攻坚战，推进生态环境质量持续好转，为美丽湖北建设起好步、开好局，答好湖北"建成支点、走在前列、谱写新篇"的生态环保答卷。

为深入贯彻习近平生态文明思想，本书在总结分析"十三五"时期湖北长江大保护、生态省建设、污染防治攻坚、应对气候变化等重点领域的成绩的基础上，充分考虑全省绿色低碳发展、生态环境质量改善、生态环境风险防范及生态环境治理体系与治理能力现代化建设等方面的短板，提出了"十四五"时期湖北省推进生态环境保护的策略，形成了《湖北省生态环境保护"十四五"规划》的前期研究成果。

目 录

1　生态环境保护策略演进 / 1

　　1.1　国家环境保护策略发展 / 2

　　1.2　湖北省环境保护目标设定与完成情况 / 9

2　"十三五"时期湖北省生态环境保护工作成效与形势 / 19

　　2.1　生态环境保护政策法规体系不断完善 / 20

　　2.2　长江大保护工作深入推进 / 28

　　2.3　绿色低碳发展加快推进 / 32

　　2.4　生态环境治理成效显著 / 40

　　2.5　生态环境保护风险防控水平提高 / 52

　　2.6　生态环境治理能力继续提升 / 58

3　"十四五"时期湖北省生态环境保护形势分析 / 71

　　3.1　面向美丽湖北建设形势 / 72

　　3.2　面临的问题与挑战 / 76

　　3.3　工作思路 / 84

4 "十四五"时期湖北省生态环境保护规划指标体系 / 91

    4.1 演进历程 / 92

    4.2 选取原则 / 102

    4.3 指标设置 / 104

5 推进绿色低碳发展 / 113

    5.1 积极应对气候变化 / 114

    5.2 全力推进生态省建设 / 120

    5.3 着力构建绿色产业体系 / 125

6 持续改善生态环境质量 / 129

    6.1 推进大气环境治理 / 130

    6.2 促进地表水质量改善 / 133

    6.3 促进土壤和地下水环境质量改善 / 139

7 生态保护与修复 / 143

    7.1 加强生物多样性保护 / 144

    7.2 强化自然保护地建设和监管 / 145

    7.3 实施山水林田湖草沙一体化保护修复 / 146

    7.4 推进城市生态系统保护修复 / 147

8 环境风险防控 / 149

    8.1 加强固体废物污染防治 / 150

    8.2 加强核与辐射安全监管 / 152

    8.3 推进重点领域风险防范 / 152

    8.4 强化生态环境风险防控与应急 / 153

9 现代化环境治理体系与治理能力建设 / 155

    9.1 环境治理理念的发展 / 156

    9.2 环境法律法规政策体系建设 / 159

    9.3 完善环境行政管理制度 / 161

    9.4 加强环境治理能力建设 / 167

    9.5 严格环境行政执法 / 171

    9.6 发挥市场机制激励作用 / 173

    9.7 强化信息公开与公众参与 / 178

参考文献 / 180

1

生态环境保护策略演进

生态环境保护规划是为保护和改善生态环境、促进生态环境与经济社会协调发展，在一定时期内国家或地方政府及有关主管部门按一定规范对生态环境保护目标与措施所作出的预先安排，是国民经济和社会发展规划的重要组成部分。由于我国空间地理特征和环境承载力差异显著、地区间发展水平差距大、生态环境安全风险各异，编制和实施生态环境保护规划成为协调环境与经济、产业布局、城镇化建设的必要手段。生态环境保护规划根据未来一定时期内环境保护的现实需求，在协调国民经济和社会发展规划后，系统筹划确定该时期内环境保护的具体目标、行动方案及实现路径。制定生态环境保护规划的主要依据是国民经济和社会发展规划，经济与环境的协调发展最终也是通过经济发展规划与环境规划的目标协调一致体现出来的。

2018年11月，中共中央、国务院发布《关于统一规划体系更好发挥国家发展规划战略导向作用的意见》（中发〔2018〕44号），明确了新时代国家规划体系重构的目标、原则与要求，提出坚持下位规划服从上位规划、下级规划服务上级规划、等位规划相互协调的原则，建立以国家发展规划为统领，以空间规划为基础，以专项规划、区域规划为支撑，由国家、省、市、县各级规划共同组成的定位准确、边界清晰、功能互补、统一衔接的国家规划体系。省级生态环境保护规划是国家环境保护政策在省级层面的具体落实，是基于各省级行政区生态环境保护实际需要、社会发展需要而形成的环境保护策略的具体化，在国家环境保护策略的实现过程中起着承上启下的重要作用。生态环境保护规划的编制体现了国家环境保护策略的演进，生态环境保护规划的实施促进了中国环境保护事业的不断前进。

1.1 国家环境保护策略发展

在中华人民共和国成立之初，尽快建立独立的工业体系和国民经济体系是国家的主要任务。然而，"大炼钢铁"导致工业"三废"放任自流，污染逐步蔓延；城市化的发展又进一步加重了环境污染，使环境污染问题逐步显露。富春江、大连湾、官厅水库等地的污染事件，以及北京、沈阳、淄博等城市严重的大气污染现象给我国生态环境状况敲响了警钟。1973 年 8 月，国务院召开第一次全国环境保护会议，提出了"全面规划、合理布局、综合利用、化害为利、依靠群众、大家动手、保护环境、造福人民"的 32 字环境保护工作方针，明确了环境保护工作要怎么开展、抓哪些内容，我国的环境保护工作自此拉开序幕。

1.1.1 起步探索阶段

第一次全国环境保护会议的成果通过编制环境保护规划予以落实。1975 年，国务院环境保护领导小组编制了环境领域第一个国家计划——《关于制定环境保护十年规划和"五五"（1976—1980 年）计划》，该计划提出了"5 年内控制、10 年内基本解决环境污染问题"的总体目标。1976 年，国家计划委员会和国务院环境保护领导小组联合下发了《关于编制环境保护长远规划的通知》，提出把环境保护纳入国民经济长远规划和年度计划。国民经济发展"五五"计划提出，大中型工矿企业和污染危害严重的企业都要搞好"三废"（废水、废气、废渣）治理，按照标准排放。第一次全国环境保护会议明确要求北京、上海、天津等 18 个环境保护重点城市的工业废水和生活污水得到有效处理，黄河、淮河、松花江、漓江、白洋淀、官厅水库、渤海等水系和主要港口的污染得到控制，水质有所改善。

"六五"时期，环境保护作为一个独立篇章首次被纳入《中华人民共和国国民经济和社会发展第六个五年计划（1980—1985）》。该篇章首次提出了对建设项目进行环境影响评价的要求，以及新建工程防治污染的设施必须与主体工程同时设计、同时施工、同时投入运行的"三同时"制度要求。"六五"时期确定的环境保护具体要求还包括分期分批抓好老企业污染治理，"三废"排放要符合国家规定的标准；控制长江、黄河、松花江、淮河、渤海、黄海等主要江（河）段、主要港湾水质恶化的趋势，保护好各城市的主要饮用水水源和漓江、滇池、西湖、太湖等风景游览区水域的水质。

从国家环境保护 10 年规划的实施情况来看，"五五"期间国家提出的"5 年内控制、10 年内基本解决环境污染问题"的环境保护目标反映了当时国家治理污染的决心和良好愿望，但在制定环境保护规划目标时低估了环境污染的复杂性、治理污染的艰巨性和解决环境问题的长期性，没有充分认识环境规划的内涵边界、技术方法、管理实施等问题，环境保护规划的编制处于"想做而不知如何去做"的起步阶段。"六五"期间，工业污染治理成绩显著，城市环境恶化的趋势有所控制。在这一时期，不少地区和城市开始编制环境保护规划，具有代表性的有山西能源重化工基地环境规划、济南市环境规划、长春市环境规划等。

1.1.2 "三废"治理阶段

"七五"期间，国家在环境保护思路上突出城市环境综合整治和工业污染防治工作，强调不同地区和行业要有针对性地提出各自的环境保护目标；强调环境容量约束与总量控制，要求"人口密度高和工业集中地区的工业，应当逐步向环境容量大的地区转移。在环境容量许可的条件下开采自然资源，继续进行环境容量研究工作。经济区和城市群共同使用的水系应逐步实行污染物总量控制"；注意经济区、城市群和乡镇企业出现的一系列新的环境问题，注重环境管理制度在环境保护计划中的重要作用。"七五"时期，环境保护的主要目标、基本任务和一些可量化的指标作为独立的篇章被纳入《中华人民共和国国民经济和社会发展第七个五年计划（1986—1990）》。在落实方面，要求各级人民政府、各部委及各企事业单位根据该计划制定实施计划和细则。

20世纪90年代初期，我国工业化进程进入第一轮重化工时代，工业污染和生态破坏呈加剧趋势。"八五"期间环境保护工作的重点仍以企业治理"三废"为主，同时更加注重工业污染防治及城市环境综合整治，提出污染防治的路径逐步从浓度控制转变为总量控制、从末端治理转变为全过程防治；提出工业粉尘排放总量控制目标，对重点工业污染源、流域、海域实行污染物总量控制；注重环境保护与经济和社会的协调发展，强化环境管理与科技进步。在环境保护策略的落实上，《环境保护十年规划和"八五"计划纲要》首次把环境保护指标纳入国民经济和社会发展规划中，统一了全国的技术大纲，规定了计划编制的主导思想、指标体系、主要内容和主要方法。"八五"计划（1991—1995年）在内容中不仅编制了宏观的环境污染物总量控制计划，而且编制了环境质量保护的污染物控制计划；主要指标还分解到省、自治区、直辖市和计划单列市，强调环境保护计划指标的可分解性和可操作性，将相关的污染防治费用纳入各级政府预算，以确保计划的有效实施。

"七五"期间，国家环境保护计划的实施基本完成了确定的主要目标和基本任务，在经济高速发展、国家对环境保护投资有限的情况下，环境污染在一定程度上得到控制。"七五"时期环境保护计划的科学性有了显著提高，第一次制定了一个内容比较丰富、指标比较齐全、方法比较科学的环境保护五年计划。"八五"期间，工业污染防治和城市环境综合整治成效显著，自然保护区建设取得较大进展。这一阶段初步形成了以促进经济与环境持续、协调发展为目的，以污染物排放和治理分配到源为特征的环境规划体系。

1.1.3 "一控双达标"阶段

"九五"期间，国家提出要实行两个具有全局意义的根本性转变和两大战略：经济体制从传统的计划经济体制向社会主义市场经济体制转变和经济增长方式从粗放型向集约型转变；实行科教兴国战略和可持续发展战略。在 1992 年联合国环境与发展大会之后，我国率先提出《中国环境与发展十大对策》《中国 21 世纪议程——中国 21 世纪人口、环境与发展白皮书》，要求各级人民政府和有关部门在制定和实施发展战略时编制环境保护规划，明确了走可持续发展之路的必要性。《国家环境保护"九五"计划和 2010 年远景目标》进一步明确了可持续发展战略，并在国民经济和社会发展规划中单列出可持续发展的环境保护目标：力争使环境污染和生态破坏加剧的趋势得到基本控制，部分城市和地区的环境质量有所改善，并提出"创造条件实施污染物排放总量控制"；贯彻落实"一控双达标"要求，即到 2000 年年底，各省（区、市）要使主要污染物的排放量控制在国家规定的排放总量指标内，工业污染源达到国家或地方规定的污染物排放标准，空气和地面水按功能区达到国家规定的环境质量标准。

2001 年 12 月，《国家环境保护"十五"计划》获国务院批复。该计划坚持污染防治与生态保护并重的原则，以控制污染物排放总量为主线，以改善环境质量和保护人民群众健康为根本出发点。"十五"期间，国家环境保护总局编制并实施了

《"十五"期间全国主要污染物排放总量控制分解计划》，确定了 6 项主要污染物排放总量控制指标，并分解下达到各省、自治区、直辖市及计划单列城市。国家"十五"环境保护计划的主要指标、重点任务和政策措施等均被纳入《中华人民共和国国民经济和社会发展第十个五年计划纲要》。

这一时期，国家对环境保护的重视程度和认识程度更加深刻，在加强企业污染防治的同时，大规模开展农村面源污染防治和重点城市、流域、区域环境治理工作，开展了国家环境保护模范城市等一系列生态环保示范创建工作，制定了"三河三湖"流域水污染防治"九五"计划，陆续出台了《全国生态示范区建设规划纲要（1996—2050）》《全国生态环境建设规划》等，进一步落实了主要污染物排放总量控制要求，明确了各级人民政府和有关部门在制定和实施发展战略时要编制环境保护计划。

1.1.4 污染减排阶段

我国经济的高速增长，尤其是石油和金属加工业、建筑材料及非金属矿物制品业、化工和机械设备制造业等行业的加快发展，给生态环境带来了前所未有的压力。党中央、国务院审时度势提出了科学发展观，首次把建设资源节约型和环境友好型社会确定为国民经济与社会发展中长期发展的战略任务，把环境保护摆在了重要的战略位置。

"十一五"时期，国家环境保护五年计划更名为"环境保护规划"——《国家环境保护"十一五"规划》（国发〔2007〕37 号），其编制工作有了重大创新，首次由国务院以文件形式印发到各地区、各部门执行，各级政府将环境保护规划列为重要议事日程。"十一五"环境保护规划坚持全面推进、重点突破的战略方针，着重解决危害人民群众健康和影响经济社会可持续发展的突出环境问题，把污染防治作为环境保护工作的重中之重；同时，更加强调环境要素导向，对水、大气、土壤和固体废物等环境要素开展分类实施管理。为了有力推动环境保护目标的执行和完成，规划提出了环境约束性指标，由国家分解到地方政府和相关部门进行量化考核，从而加强了对政府的刚性约束作用，保障了规划的可操作性，明确了重点工程项目和规划实施的资金渠道，推进了环境监管能力建设。污染减排成为各地区、各部门环境保护的主要任务和全社会的共同关注点。规划的实施评估和考核也放到了更加突出的位置，首次开展了国家环境保护五年规划的评估考核工作。

2011 年发布的《国家环境保护"十二五"规划》（国发〔2011〕42 号）对环境保护重大战略任务进行了统筹安排，确立了环境保护工作坚持在发展中保护、在保护中发展的战略思想，明确了以环境保护优化经济发展的历史定位。在规划指导思想上，紧扣科学发展的主题和加快转变经济发展方式的主线，努力提高生态文明水平，切实解决影响科学发展和损害人民群众健康的突出环境问题；全面推进环境保护历史性转变，积极探索代价小、效益好、排放低、可持续的环境保护新道路，加快建设资源节约型、环境友好型社会。在规划内容上，进一步突出科学发展，强调污染物排放总量控制与环境质量改善并重，以加快转变经济发展方式为主线，设置以"削减排放总量—改善环境质量—防范环境风险—环境公共服务"四大战略任务统御全局，主要污染物排放总量控制指标在"十一五"时期确立的化学需氧量（COD）、二氧化硫（SO_2）2 项指标的基础上，拓展为化学需氧量、二氧化硫、氨氮（NH_3-N）、氮氧化物（NO_x）4 项污染物排放总量控制指标。

1.1.5 生态文明新阶段

2012 年，党的十八大报告提出"把生态文明建设放在突出地位，融入经济建设、政治建设、文化建设、社会建设各方面和全过程，努力建设美丽中国，实现中华民族永续发展"。党的十八大以来，国家坚决向污染宣战，全力推进大气、水、土壤污染防治，持续加大生态环境保护力度，生态环境质量有所改善。"十三五"时期，环境保护工作将绿色发展和改革作为重要任务进行部署，强调绿色发展与生态环境保护联动，坚持从发展的源头解决生态环境问题。为进一步统筹生态与环境两个方面，"十三五"时期的环境保护更名为"生态环境保护规划"，提出了到 2020 年实现生态环境质量总体改善的总体目标，其立足点和视域更具系统性。国务院于 2016 年11 月印发了《"十三五"生态环境保护规划》（国发〔2016〕65 号）。

研究指出，《"十三五"生态环境保护规划》从横、纵、深三大维度就如何实现"生态环境质量总体改善"的总体目标给出了方向性指导。横向方面，《"十三五"生态环境保护规划》在《国家环境保护"十二五"规划》提出的分类指导的原则上进一步提出了空间管控的概念，要求依据不同区域主体功能定位制定差异化的生态环境目标、治理保护措施和考核评价要求，分区分类实施精细化管控；纵向方面，《"十三五"生态环境保护规划》提出了绿色科技创新和制度创新两大支柱，以科学化、法治化支持空间管控落地，推动生态环境质量改善，不断提高生态环境保护管理的系统化、精细化水平；深度方面，《"十三五"生态环境保护规划》更注重生态环境保护与国家重大发展规划的深度结合，如从环境保护的角度提出供给侧改革的要求，包括以强化环境硬约束推动淘汰落后和过剩产能、严格环境保护能耗要求以促进企业加快升级改造、促进绿色制造和绿色产品生产供给、推动循环发展、推进节能环境保护产业发展等要求。城市群是我国新型城镇化的主体形态，对区域发展有战略引领和支撑作用，为促进城市群健康可持续发展，《"十三五"生态环境保护规划》提出"自 2018 年起，启动城市群生态环境保护空间规划研究"，尤其突出以京津冀、长三角、珠三角为重点，开展大气、水、土壤污染治理，包括区域大气污染联防联控、地下水修复、河湖内源治理、挥发性有机物（VOCs）排放控制、"海绵城市"建设、"煤改气"工程建设、环境污染防治和生态修复技术应用试点、种植业和养殖业重点排放源氨防控研究与示范等，从而保障了城市经济发展与良好人居环境发展相协调。

中华人民共和国成立以来，我国社会经济发展经历了从"一五"至"五五"时期的"优先发展重工业、建立独立完整的工业体系"，到"六五"至"七五"时期的"搞好综合平衡，处理各方面关系"，再到"八五"至"十五"时期的"解决温饱问题的人民生活为主，强国和富民相统一"，以及"十一五"至"十三五"时期的"以科学发展观、新发展理念为统领，实现从总体小康到全面建成小康社会"，"十四五"时期开启了"全面建设社会主义现代化国家新征程、向第二个百年奋斗目标进军"。生态环境保护理念和工作重点也随着社会经济发展重点不断发展，体现为不同时间环境保护规划的指导理念和工作重点的阶段性变化。"五五"至"八五"

时期主要针对工业污染问题，重点加强工矿业和重点城市污染治理；《国家环境保护"九五"计划和 2010 年远景目标》提出了"可持续发展战略"思想，并在《国家环境保护"十五"计划》中进一步强化；《国家环境保护"十一五"规划》明确了"建设环境友好型社会"的理念，提出要"深入实施可持续发展战略"；《国家环境保护"十二五"规划》提出了"加快建设资源节约型、环境友好型社会""坚持在发展中保护，在保护中发展"的战略思想；国家《"十三五"生态环境保护规划》提出了落实"创新、协调、绿色、开放、共享的新发展理念"，加强生态文明建设并明确"以提高环境质量为核心"。习近平总书记提出的"绿水青山就是金山银山"理念在"十二五""十三五"等各类生态环境保护规划中均得到体现。

每个阶段都有新思路、新进展、新举措、新突破。从 1976 年至今，经过 40 年的不断探索，环境保护规划的理念和机制发生了重大转变：一是从污染治理型向环境保护与经济和社会协调发展型转变，二是从编制程序不规范、衔接协调不力向科学化、民主化、规范化转变，三是从宏观指导的预期性向可分解、可操作、可考核的约束性规划转变，四是从重编制、轻实施、缺评估向注重实施过程的评估和考核转变。

1.2　湖北省环境保护目标设定与完成情况

省、市、县各级政府和生态环境部门一般依据国家五年生态环境保护规划提出的目标任务要求，结合本地区实际情况制定相应规划。省级层面的生态环境保护规划应当起到在国家级和市、县级规划之间的承接作用：既要保证国家生态环境保护规划目标能够有效地转化为地方可以实现的具体目标，又要与其他各类规划相协调，保障环境保护目标实现的可操作性。市、县层面重点抓好落实，明确规划目标任务落实的针对措施。

1.2.1 "十一五"时期：遏制生态恶化

《湖北省环境保护"十一五"规划》于 2008 年由湖北省人民政府印发实施。规划提出"到 2010 年，全省重点流域和城市环境质量有所改善，农村环境质量保持稳定，主要污染物排放总量得到有效控制，重点行业污染物排放强度明显下降，基本遏制生态恶化的趋势，部分地区有所好转，环境监管能力明显提高"。在《国家环境保护"十一五"规划》指标的基础上，湖北省设置了环境质量、总量控制、污染防治和环境管理能力"4 类共 22 项指标（并未区分约束性指标与预期性指标）。与国家主要环保指标相对应，湖北省共有 3 项指标与国家指标名称保持一致，分别为化学需氧量排放总量、二氧化硫排放总量、重点城市空气质量好于二级标准的天数超过 292 天的比例；同时，将国家指标中的"七大水系国控断面好于Ⅲ类的比例"调整为"地表河流省控断面达Ⅲ类水质的比例"，地表水国控断面劣Ⅴ类水质的比例未列入指标体系。

《湖北省环境保护"十一五"规划》的主要指标围绕化学需氧量和二氧化硫总量减排及国控、省控断面水质设置目标。我国中部的山西、河南、安徽、湖南、江西五省在《国家环境保护"十一五"规划》指标的基础上，在危险废物、电磁污染、城市生活污水和生活垃圾处理等领域增加了相关指标。山西、安徽、江西、湖南四省除包含国家规划总量控制指标和环境质量指标外，还增设了生态环境监管能力相关指标。与上述五省相比，湖北省"十一五"期间的环境保护指标与国家指标的一致性较高，其他省份的指标分解更为细致。

1.2.2 "十二五"时期：生态环境持续改善

《湖北省环境保护"十二五"规划纲要》于 2012 年经省人民政府批准印发实施。规划设定的总体目标为到 2015 年，全省主要污染物排放总量持续削减，生态环境质量持续改善，环境安全得到保障，环境基本公共服务体系进一步完善。湖北省在全面贯彻国家环境保护规划指标要求的基础上，以主要污染物排放总量持续削减、生态环境质量持续改善、环境安全得到保障、环境基本公共服务体系进一步完善为目标，细化了指标体系并区分了预期性指标和约束性指标，设置了 7 类共 25 项指标，其中约束性指标 14 项。与《国家环境保护"十二五"规划》相比，湖北省除总量减排 4 项指标与国家规划保持一致外，环境质量指标与国家规划有较大区别，并且在环境质量、污染治理、生态建设、环境基础设施建设及环境风险防范等方面分别增加了重点城市区域环境噪声小于 55 dB 比例、乡镇饮用水源水质达标率、工业废水排放达标率、森林覆盖率、城镇生活污水处理率、突发性污染事故应急处置率和放射性废物安全处置率 7 项指标。其中，在大气环境质量方面，国家环境保护规划中设置了"地级以上城市空气质量达到二级标准以上的比例"一项指标，湖北省环境保护规划在此基础上进行了拓展，将"地级以上城市"的范围拓展至包含仙桃市、潜江市、天门市及神农架林区等重点城市；同时，统筹考虑了全省及各重点城市的环境空气质量的提升目标，从达到二级标准天数及达到二级标准天数的城市个数 2 个方面设置了"重点城市空气好于二级标准的天数超过 301 天的比例"和"重点城市空气质量达到二级标准以上的比例" 2 项指标。在水环境质量方面，未设置"地表水国控断面劣 V 类水质的比例"，将"七大水系国控断面水质好于III类的比例"调整为"地表河流省控断面达III类水质的比例"，断面范围由国控拓展至省控；同时，突出了水资源的保障需求，增加了"县城以上集中式饮用水水源水质达标率"一项指标。

"十二五"时期，湖北省设置了总量控制指标、环境质量指标、污染防治指标、生态建设指标、城镇环境基础设施指标、环境安全保障指标、环境管理能力指标共计 25 项，其中 14 项为约束性指标。湖北省在环境质量类指标中增设了噪声及乡镇饮用水水源水质达标率，在污染防治类指标中增设了工业废水排放达标率、工业废物处置利用率和化肥施用强度等指标。

1.2.3 "十三五"时期：环境质量总体改善

"十三五"时期，我国处于环境保护的艰难攻坚期，主要任务是减少主要污染物排放、环境质量明显改善，使环境状况与全面实现小康社会基本相适应。为此，国家《"十三五"生态环境保护规划》明确了环境保护工作的总体思路和目标追求是以改善环境质量为核心,以解决生态环境领域突出问题为重点,全力打好补齐生态环境短板攻坚战和持久战,确保到 2020 年实现生态环境质量总体改善目标,为人民群众提供更多优质生态产品。其确立的基本原则是坚持"绿色发展、标本兼治,质量核心、系统施治,空间管控、分类防治,改革创新、强化法治,履职尽责、社会共治"。《湖北省环境保护"十三五"规划》于 2016 年由省人民政府批准印发实施。规划设置的总体目标是到 2020 年,全省生态环境质量总体改善;主要污染物排放总量大幅减少,环境风险得到有效控制,环境安全得到有效保障,生态系统稳定性持续增强,生产和生活绿色水平明显提高,生态文明制度体系基本完善,环境治理能力基本实现现代化;生态文明建设水平与全面建成小康社会目标相适应。

国家《"十三五"生态环境保护规划》指标体系相比"十一五"和"十二五"时期更加完备,主要围绕生态环境质量改善、污染物总量排放和生态保护修复 3 个方面,共设置 10 大项 26 小项指标,其中空气质量 3 项、水环境质量 5 项、土壤环境质量 2 项、生态状况 5 项、主要污染物排放总量减少 4 项、区域性污染物排放总量减少 3 项(重点地区重点行业挥发性有机物、重点地区总氮、重点地区总磷)、生态保护修复 4 项指标。按照指标类型划分,共 12 项约束性指标和 14 项预期性指标。无论是从指标类别还是从指标数量上看,国家《"十三五"生态环境保护规划》与《国家环境保护"十二五"规划》都有较大区别:"十三五"的指标类别增加了生态保护修复类,对生态保护修复的关注度有所提升,但均为预期性指标;指标数量由 7 个增加到 26 个。以约束性指标为例,一是空气质量中除地级以上城市空气质量达到二级标准以上的比例外,"十三五"时期进一步考虑了对细颗粒物(PM$_{2.5}$)浓度的考核,首次设置了"PM$_{2.5}$ 未达标地级及以上城市浓度下降"这一项约束性指标;二是增加了土壤环境质量类指标,包括受污染耕地安全利用率和污染地块安全利用率 2 项指标;三是增加了森林覆盖率和森林蓄积量 2 项指标。

《湖北省环境保护"十三五"规划》设置了环境质量、污染控制、环境风险和生态保护 4 类 21 项指标,总体上是根据国家《"十三五"生态环境保护规划》指标体系制定的,其中约束性指标 10 项、预期性指标 11 项。至"十三五"末期,湖北省全面完成了指标规划目标(未扣除 2020 年疫情影响)(表 1-1)。

表 1-1   《湖北省环境保护"十三五"规划》主要指标完成情况

指标类别	序号	指标名称		2015 年	"十三五"目标	2020 年完成情况	指标属性	完成情况
环境质量	1	地级及以上城市空气质量优良天数比例/%		65.2	≥80	87.5	约束性	完成
	2	重度及以上污染天数比例/%		4.1	3（25）	0.2	预期性	完成
	3	地级及以上城市 $PM_{2.5}$ 年平均浓度/（μg/m³）		66	53（20）	37	约束性	完成
	4	集中式饮用水水源水质达标率/%	县城以上	100	100	100	约束性	完成
	5		乡镇	—	≥85	95.3	预期性	完成
	6	地表水质量达到或好于Ⅲ类水体比例/%		84.2	≥89.8	91.2	约束性	完成
	7	地表水质量劣Ⅴ类水体比例/%		8.7	≤6.1	0	约束性	完成
	8	地下水质量极差比例/%		—	保持稳定	保持稳定	预期性	完成
	9	耕地土壤环境质量点位达标率/%		84.9	≥86.9	94.35	预期性	完成
污染控制	10	化学需氧量排放总量减少率/%		—	（9.9）	（13.8）	约束性	完成
	11	氨氮排放总量减少率/%		—	（10.2）	（13.6）	约束性	完成
	12	二氧化硫排放总量减少率/%		—	（20）	（27.3）	约束性	完成
	13	氮氧化物排放总量减少率/%		—	（20）	（24.0）	约束性	完成
	14	总磷排放总量减少率/%		—	满足国家考核要求	11.16	预期性	完成
环境风险	15	放射辐射源事故年发生率/%		—	＜每万枚1 起	0	预期性	完成
	16	重金属污染物排放强度下降率/%		—	满足国家考核要求	11.1	约束性	完成
	17	突发环境事件处置率/%		100	100	100	预期性	完成
生态保护	18	生态红线区占国土面积比例/%		—	33.4	22.3	预期性	完成
	19	国家重点生态功能区所在县（市、区）的 EI 值		—	持续上升	维持在优良等级	预期性	完成

注：《湖北省环境保护"十三五"规划》共设置 21 项指标。其中，（　）为五年累计数；"挥发性有机物排放总量减少"国家未组织相关核算，未组织相关考核；"长江干流自然岸线保有率"没有相关数据，国家未组织相关考核；"生态红线占国土面积比例"原目标为 33.4%，2018 年按照国家要求进行了重新划定，2020 年该项指标值为 22.3%。

1．大气环境质量指标完成情况

2020 年，湖北省 17 个重点城市空气质量优良天数比例为 74.9%～100%，平均优良天数比例为 88.4%，较 2019 年同期上升 10.7 个百分点，优良天数比例按由低到高排序，排名前五的城市依次为襄阳、荆门、宜昌、武汉、仙桃（表 1-2）。其中，纳入"十三五"国家考核的 13 个重点城市 2020 年的平均优良天数比例为 87.5%，较 2019 年同期上升 11.5 个百分点，较 2015 年同期上升 17.4 个百分点。

表 1-2　湖北省重点城市环境空气质量优良天数比例　　　　　单位：%

城市	2016 年	2017 年	2018 年	2019 年	2020 年	2020 年考核目标
武汉	64.8	70.4	70.1	67.1	84.4	73.1
黄石	73.0	75.5	76.5	78.4	89.9	79.8
十堰	80.6	86.3	85.9	85.5	94.8	85.6
襄阳	65.8	65.9	67.1	62.7	74.9	70.0
宜昌	67.5	70.7	76.1	68.8	84.2	75.0
荆州	64.8	75.6	76.9	76.4	87.4	76.4
荆门	72.4	78.0	70.2	65.2	80.3	71.2
鄂州	64.2	74.7	75.2	79.2	87.4	79.2
孝感	75.0	75.2	72.0	74.5	87.9	76.3
黄冈	69.6	74.2	73.3	80.0	88.5	80.0
咸宁	76.0	79.5	82.6	78.6	94.0	78.6
随州	69.4	76.0	79.9	77.0	87.2	78.8
恩施	85.4	86.8	91.8	94.5	96.4	93.5
仙桃	79.8	85.8	76.6	77.8	86.5	77.8
天门	73.4	85.6	73.7	75.6	89.6	77.8
潜江	73.0	88.2	84.5	80.8	89.3	80.8
神农架	92.9	96.4	99.7	98.4	100.0	98.4

城市	2016 年	2017 年	2018 年	2019 年	2020 年	2020 年考核目标
13 个国家考核城市（含恩施）	71.4	76.1	76.7	76.0	87.5	75.2
全省	73.4	79.1	78.4	77.7	88.4	—

注：2016—2018 年为标况数据，2019—2020 年为实况数据，2019 年以前的数据均采用旧沙尘扣除规则进行计算。

2020 年，湖北省 17 个重点城市 $PM_{2.5}$ 累计平均浓度为 35 μg/m^3，比 2019 年同期下降 16.7%，$PM_{2.5}$ 累计均值按由高到低排序，排名前五的城市依次为襄阳、荆门、宜昌、鄂州、武汉（表 1-3）。2020 年，纳入"十三五"国家考核范围的 13 个市（州）的 $PM_{2.5}$ 平均浓度为 37 μg/m^3，比 2019 年同期下降 15.9%。

表 1-3 湖北省重点城市 $PM_{2.5}$ 浓度　　　　　　　　　单位：μg/m^3

城市	2016 年	2017 年	2018 年	2019 年	2020 年	2020 年考核目标	"十三五"规划目标
武汉	57	52	49	45	37	45	53
黄石	57	55	43	40	35	40	51
十堰	51	45	43	39	33	39	46
襄阳	64	66	61	60	52	56	55
宜昌	62	58	53	52	41	50	53
荆州	60	56	49	46	37	46	53
荆门	58	50	57	56	45	53	53
鄂州	59	56	46	42	38	42	51
孝感	45	49	44	43	35	43	53
黄冈	51	49	42	40	36	40	48
咸宁	48	47	37	36	30	36	45
随州	56	51	45	42	37	42	50
恩施	48	46	38	32	27	33	44

城市	2016 年	2017 年	2018 年	2019 年	2020 年	2020 年考核目标	"十三五"规划目标
仙桃	50	41	42	40	32	40	52
天门	59	39	42	44	32	44	53
潜江	59	43	40	40	31	40	53
神农架	35	23	18	21	19	22	35
13 个国家考核市（州）	55	52	47	44	37	50	53
全省	54	49	44	42	35	—	50

注：2016—2018 年为标况数据，2019—2020 年为实况数据，2019 年以前的数据均采用旧沙尘扣除规则进行计算。

2020 年，湖北省空气质量平均优良天数比例和 PM$_{2.5}$ 平均浓度均达到 2020 年国家考核目标和"十三五"规划目标。

2. 水环境质量指标完成情况

2020 年，湖北省水质优良（达到或优于Ⅲ类）断面实际为 104 个（目标为 101 个），占比 91.2%；水质劣Ⅴ类断面实际为 0 个（目标 0 个）（表 1-4）。

表 1-4　湖北省纳入国家考核范围的断面水质情况　　　　　　单位：%

断面	2016 年	2017 年	2018 年	2019 年	2020 年	2020 年国家考核目标	"十三五"规划目标
水质优良断面比例	82.5	84.2	86.0	88.6	91.2	88.6	89.8
劣Ⅴ类水体比例	4.4	4.4	1.8	1.8	0	6.1	6.1

2020 年，纳入《湖北省水污染防治行动计划工作方案》的 114 个断面中，水质优良断面比例和劣Ⅴ类水体比例均达到国家年度考核目标和"十三五"规划目标。

3．主要污染物总量减排指标完成情况

2020 年，湖北省二氧化硫、氮氧化物、化学需氧量、氨氮排放量较 2015 年重点工程减排量分别为 14.5 万 t、12.6 万 t、19.1 万 t 和 2.1 万 t，二氧化硫、氮氧化物、化学需氧量、氨氮排放量较 2015 年分别下降 27.3%、24%、13.8%、13.6%。4 项主要大气污染物减排量和重点工程项目减排量均达到 2020 年国家考核目标和"十三五"规划目标。

为落实"十三五"规划主要指标，湖北省深入实施蓝天、碧水、净土保卫战，实施主要水污染物减排项目 8 274 个、大气污染物减排项目 1 134 个。13 个国家考核重点城市年度平均优良天数比例达到 87.5%，较 2015 年同期增加 17.4 个百分点，$PM_{2.5}$ 年平均浓度为 37 $\mu g/m^3$，较 2015 年同期下降 40.3%。国家地表水考核断面水质优良比例提高到 91.2%，长江干流总体水质为优，丹江口水库水质常年保持在地表水 Ⅱ 类以上标准。

2

『十三五』时期湖北省
生态环境保护工作成效与形势

"十三五"时期,湖北省深入贯彻习近平生态文明思想和习近平总书记考察湖北时的重要讲话精神,坚决落实党中央、国务院决策部署,把握新发展阶段,深入实施"生态立省"战略,坚决打好污染防治攻坚战,积极推进突出生态环境问题整改,深入推进生态文明体制改革,全省生态文明建设和生态环境保护取得了历史性成绩。

2.1 生态环境保护政策法规体系不断完善

2.1.1 政策体系

1. 长江大保护

2016 年年初,习近平总书记提出要将"共抓长江大保护"放到"压倒性的位置",并在 2018 年召开的深入推动长江经济带发展座谈会上发表重要讲话,指明"四个切实"的科学路径,明确了长江经济带发展要把握的"五大关系"。习近平总书记重要指示的贯彻落实成为长江大保护战略的基石,从高位不断推动长江大保护事业的发展和相应政策的出台。从国家层面到地方政府都纷纷响应号召,明确长江经济带的发展要点为"共抓大保护、不搞大开发",并制定出台相应的实施方案、保护计划,设定长江大保护的治理目标。

湖北坐拥最长的长江岸线,肩负着确保"一江清水东流、一库净水北送"的重要使命。2018 年 5 月,中共湖北省委十一届三次全会审议通过了《中共湖北省委关于学习贯彻习近平总书记视察湖北重要讲话精神　奋力谱写新时代湖北高质量发展新篇章的决定》[①],强调湖北要担负起在推动长江经济带发展中的历史责任,守护绿水青山,永葆长江母亲河的生机活力,加快转型升级步伐,在探索生态优先、绿色发展、高质量发展新路上迈出新步伐,创造新辉煌;坚持高质量发展,努力在转变发展方式上走在前列,以长江经济带发展推动高质量发展,践行新发展理念,正确

---

① 《中共湖北省委关于学习贯彻习近平总书记视察湖北重要讲话精神　奋力谱写新时代湖北高质量发展新篇章的决定》,http://dangjian.people.com.cn/gb/n1/2018/0521/c219967-30001913.html。

把握"五大关系",用好长江经济带发展"辩证法",全面做好生态修复、环境保护、绿色发展"三篇文章";着力打好"三大攻坚战",抓早抓小、突出重点、分类施策,打好防范化解重大风险攻坚战,依法、合规、按程序处置各类风险。此次会议明确了湖北省在"十三五"期间生态保护工作的重点是抓好长江大保护。一方面,要加大长江生态修复力度。统筹山水林田湖草沙等生态要素,扎实开展重要生态功能区保护和修复,全面推进长江大保护"九大行动"①,突出抓好长江、汉江、清江等主要流域和三峡库区、丹江口库区、神农架林区、大别山区等重点区域的生态保护修复,实施长江防护林体系建设、退耕还林还草、天然林和生态公益林保护、地质灾害防治、水土流失治理、河湖水系连通、消落带修复、湿地生态修复、生物多样性保护等工程,建设长江绿色生态廊道。另一方面,要加强长江经济带环境保护与治理。统筹推进水污染治理、水生态修复、水资源保护,深入实施"六大专项整治"和"四个三重大生态工程"。着力解决"化工围江"突出问题,根除长江污染隐患。加强岸线整治和资源管控,依法严惩非法码头、非法采砂、非法采矿、非法排污、非法捕捞等环境违法行为,加大长江经济带生态环境领域公益诉讼的力度。同时,会议要求全省各地要加大长江经济带发展战略实施力度,积极探索"绿水青山"转化为"金山银山"的实践路径。

2018 年 6 月,湖北省政府出台了《沿江化工企业关改搬转等湖北长江大保护十大标志性战役相关工作方案》,打响了集中力量做好沿江化工企业关改搬转、农业面源污染整治等湖北长江大保护十大标志性战役,具体包括《湖北省沿江化工企业关改搬转工作方案》《湖北省城市黑臭水体整治工作方案》《湖北省农业面源污染整治工作方案》《湖北省长江干线非法码头专项整治工作方案》《湖北省河道非法采砂整治工作方案》《湖北省船舶污染防治工作方案》《湖北省尾矿库综合治理工作方案》《湖北省长江段和汉江沿线港口岸线资源清理整顿工作方案》《湖北省长江两岸造林绿化工作方案》《湖北省饮用水水源地保护和专项治理工作方案》《湖

---

① 湖北省委、省政府印发《湖北长江大保护九大行动方案》,要求深入实施森林生态修复、湖泊湿地生态修复、生物多样性保护、工业污染防治和产业园区绿色改造、城镇污水垃圾处理设施建设、农业和农村污染治理、江河湖库水质提升、重金属及磷污染治理、水上污染综合治理九大行动。

北省企业非法排污整治工作方案》《湖北省长江入河排污口整改提升工作方案》《湖北省固体废物污染治理工作方案》《湖北省城乡生活污水治理工作方案》14 个工作方案，明确了工作开展的具体要求。与此同时，成立了湖北长江大保护十大标志性战役指挥部，由省人民政府组织开展对十大标志性战役推进落实情况的明察暗访和督查考核，各地、各有关部门也相应成立指挥部和工作专班，以十大标志性战役为主抓手系统推进生态环境保护，着力解决突出环境问题，不断提升湖北长江流域生态系统质量和稳定性。为了推进专项工作的切实落地，2019 年 4 月湖北省政府印发《湖北长江大保护十大标志性战役评估办法（试行）》，将长江大保护考核评估直接与党政领导干部综合考核评价挂钩。根据 2020 年的考核结果，专项规划任务圆满完成。

2018 年 8 月，湖北省推进实施长江经济带绿色发展十大战略性举措，共 58 个重大事项、91 个重大项目，总投资 1.3 万亿元。这十大战略性举措分别是加快发展绿色产业、构建综合立体绿色交通走廊、推进绿色宜居城镇建设、实施园区循环发展引领行动、开展绿色发展示范、探索"绿水青山就是金山银山"理念实现路径、建设长江国际黄金旅游带核心区、大力发展绿色金融、支持绿色交易平台发展、倡导绿色生活方式和消费模式，突出体现了湖北省委、省政府坚定不移探索生态优先、绿色发展新路子，以长江经济带发展推动高质量发展，奋力谱写新时代湖北高质量发展新篇章的决心。表 2-1 列出了"十三五"时期湖北省推进长江大保护的系列重要文件（规划）。

表 2-1　"十三五"时期湖北省推进长江大保护的系列重要文件（规划）

年份	文件名称	文号（发布机构）
2016	《关于迅速开展湖北长江经济带沿江重化工及造纸行业企业专项集中整治行动的通知》	鄂办文〔2016〕34 号
2016	《省人民政府办公厅关于印发湖北省长江流域跨界断面水质考核办法的通知》	鄂政办发〔2016〕48 号
2016	《关于开展长江经济带绿色生态廊道建设专项规划编制的通知》	鄂环办〔2016〕50 号

年份	文件名称	文号（发布机构）
2017	《省人民政府办公厅关于落实我省长江流域水生生物保护区全面禁捕工作的通知》	鄂政办电〔2017〕116 号
2017	《湖北长江大保护九大行动方案》	鄂发〔2017〕21 号
2017	《湖北长江经济带产业绿色发展专项规划》	省发展改革委
2017	《湖北长江经济带生态保护和绿色发展总体规划》	鄂发〔2017〕8 号
2018	《省人民政府关于印发沿江化工企业关改搬转等湖北长江大保护十大标志性战役相关工作方案的通知》	鄂政发〔2018〕24 号
2018	《省人民政府关于印发湖北长江经济带绿色发展十大战略性举措分工方案的通知》	鄂政发〔2018〕27 号
2018	《省人民政府办公厅关于成立湖北长江经济带绿色发展十大战略性举措指挥部和专项举措指挥部的通知》	鄂政办函〔2018〕67 号
2019	《省发展改革委关于印发汉江生态经济带发展规划湖北省实施方案（2019—2021 年）的通知》	鄂发改长江〔2019〕289 号
2019	《湖北省长江保护修复攻坚战工作方案》	鄂环发〔2019〕13 号
2020	《省人民政府办公厅关于切实做好湖北省长江流域禁捕退捕有关工作的通知》	鄂政办电〔2020〕22 号

2. 污染防治攻坚战

为加强污染防治工作，"十三五"期间湖北省制定了《中共湖北省委 湖北省人民政府关于坚决打好污染防治攻坚战 建设美丽湖北的意见》《湖北省污染防治攻坚战工作方案》《湖北省污染防治攻坚战工作细化方案》，对污染防治工作进行了系统安排。其中，《湖北省污染防治攻坚战工作细化方案》对生态保护要达到的具体指标作出了明确要求，共计 5 类 14 项：2020 年，全省化学需氧量、氨氮、二氧化硫、氮氧化物、挥发性有机物排放量较 2015 年分别下降 10%、10.2%、20%、20%、10%以上；国家考核地表水断面水质 I～III 类的比例达到 88.6%及以上，劣 V 类水体断面比例控制在 6.1%以内，县级及以上城市集中式饮用水水源水质达标率达到 100%，市（州）及以上城市建成区基本消除黑臭水体；全省 17 个重点城市 $PM_{2.5}$ 年平均浓度低于 47 μg/m^3，平均环境空气质量优良天数比例达到 80%及以上；受污染耕地安全利用率达到 90%及以上，污染地块安全利用率不低于 90%；生态保护红线面积占比达到 22.3%左右。

为完成上述目标，湖北省不断健全完善党委政府统一领导、部门分工协作、地方分级负责、各方共同参与的污染防治攻坚工作机制，全力打好污染防治攻坚战，强力推进蓝天保卫战、碧水保卫战、净土保卫战、农业农村治理攻坚战、长江保护修复攻坚战等重点任务的完成。

3. 生态保护和修复

为加强生态保护红线制度建设，2016 年，湖北省人民政府办公厅印发《湖北省生态保护红线管理办法（试行）》。同年，湖北省人民政府印发《湖北省生态保护红线划定方案》。2017 年，中共中央办公厅、国务院办公厅联合印发了《关于划定并严守生态保护红线的若干意见》，对生态保护红线的划定和保护提出了新的要求。2018 年，湖北省人民政府印发《关于发布湖北省生态保护红线的通知》，确定湖北省生态保护红线总面积约为 4.15 万 km^2，约占全省总面积的 22.3%。为加强生态保护红线管控，湖北省自然资源厅联合省生态环境厅印发《湖北生态保护红线评估工作若干问题处理意见的函》《湖北省生态保护红线勘界定标试点工作方案》，选取张湾区、茅箭区、潜江市、远安县 4 个地区作为红线勘界定标试点地区；同时，启动生态保护红线本底调查，完成湖北生态保护红线基础数据库建设，开展生态保护红线监管办法及准入条件研究，将破坏生态保护红线的行为纳入《党政领导干部生态环境损害责任追究办法》，构建责任追究体系。

"十三五"期间，湖北省还进一步健全了生态补偿机制。一是印发了《关于建立健全生态保护补偿机制的实施意见》《湖北省建立市场化、多元化生态保护补偿机制行动计划》《关于构建现代环境治理体系的实施意见》等文件，并建立了湖北省生态保护补偿工作联席会议制度；二是印发了《关于建立省内流域横向生态补偿机制的实施意见》，针对 27 个流域制定了补偿协议或办法，针对 80 个县（市、区）建立了补偿机制；三是印发了《湖北省环境空气质量生态补偿暂行办法》，以可吸入颗粒物（PM$_{10}$）和 PM$_{2.5}$ 为考核指标，建立了"环境空气质量逐年改善"与"年度目标任务完成"双项考核的生态补偿机制。与此同时,湖北省积极开展水土保持、生态公益林等生态补偿工作。在水土保持生态补偿方面,出台了《湖北省水土保持补偿费征收使用管理实施办法》和《水土保持补偿费收费标准(试行)》,规范了水土保持补偿费的征收使用管理,统一了收费标准。在生态公益林保护补偿方面,基于湖北省国家级公益林区划落界及数据库建设成果,不断加大生态公益林保护力度,逐步提高生态公益林补偿标准,从 2018 年开始将 589 万亩[①]国有国家级公益林补偿标准由每亩 10 元提高到 15 元。

为强化水资源保护,原湖北省环保局出台了《关于全面开展"百吨千人"供水工程水源保护区划定工作的通知》,完成了 12 个地区 717 个农村饮用水水源保护区划分的技术审查,以及荆州、武汉、孝感、宜昌、十堰、黄冈等地 15 个集中式饮用水水源保护区的划分、调整和技术审查等工作;编制完成了《河湖长制 2018—2020 年三年实施方案》和 16 个省级重点河湖"一河(湖)一策"实施方案,构建河湖长制工作专家库;加快河湖长制信息化建设,建立河湖长制相关平台;组织实施"迎春行动""清流行动""示范建设行动""攻坚行动""净化行动"等。

为节约利用土地资源,健全耕地保护制度体系,湖北省政府印发《关于落实最严格耕地保护制度的通知》,出台了 15 条针对耕地保护的硬措施,对高能耗、高污染及钢铁、煤炭、电解铝、平板玻璃等过剩产能项目用地不予审批。加强全省建设用地准入监管,省生态环境厅、自然资源厅联合印发《开展污染地块安全利用率核算工作的通知》,组织污染地块安全利用率核算,指导地方编制污染地块名录及其开发利用的负面清单;联合印发《湖北省受污染耕地安全利用工作实施方案》《湖北省严格管控类耕地种植结构调整或退耕还林还草工作实施方案》,实现安全利用耕地 47.23 万亩,严格管控耕地 6 784 亩,开展涉镉等重金属重点行业企业排查与整治。

2017 年年底,中共中央办公厅、国务院办公厅印发《生态环境损害赔偿制度改革方案》,生态环境损害赔偿制度改革在全国推开并纳入中央生态环境保护督察。2019 年,最高人民法院发布了《关于审理生态环境损害赔偿案件的若干规定》,生

_____

① 1 亩=1/15 hm^2。

态环境损害责任写入《中华人民共和国民法典》。同时期，湖北省印发了《湖北省生态环境损害赔偿制度改革方案》及 6 项配套文件、《关于增补遴选湖北省环境损害司法鉴定机构登记评审专家库专家的通知》，进一步完善了环境损害司法鉴定专家库。全省成立 3 家生态环境损害司法鉴定中心，其中湖北省环境科学研究院生态环境损害司法鉴定中心案例入选全国十大指导案例。湖北省基本建立了全省生态损害赔偿总体框架，磋商赔偿成功案例逾百件。

4．绿色低碳发展

为优化调整结构、发展绿色产业，湖北省经信厅印发《湖北省关于利用综合标准依法依规推动落后产能退出的工作方案》《关于依法依规推动工模具钢行业违法违规产能退出的通知》《关于再次清理取缔中（工）频炉违法违规产能打击制售"地条钢"行为的通知》等文件，综合运用法律手段、经济手段和必要的行政手段，实行能耗、环保、质量、安全、技术等标准，明确以钢铁、煤炭、水泥、电解铝、平板玻璃等行业为重点，依法依规淘汰落后产能。为大力发展循环经济和再制造，省政府出台《关于推进自然资源节约集约高效利用的实施意见》，加快实施资源总量管理，全面建立资源高效利用制度。

在推进循环经济方面，湖北省将发展循环经济纳入《湖北省"十三五"节能减排综合工作方案》，印发了《湖北省园区循环化改造推进工作方案》，全省各市积极开展相关工作。武汉市先后两次印发《关于进一步推进园区循环化改造工作的通知》，指导全市省级工业园区分批开展园区循环化改造，提升产业园区综合竞争力和可持续发展能力；青山工业区国家级园区循环化改造试点顺利通过国家发展改革委验收，建成钢铁、石化、电力、节能环保循环经济产业链，园区重化工产能明显压缩，固体废物资源规模化利用水平明显提升，重点污染物排放量大幅降低，试点示范成效显著。宜昌市印发了《宜昌市"十三五"节能降碳减排综合工作方案》《关于上报园区循环化改造实施计划的通知》，组织相关县、市、区积极制定园区循环化改造实施方案，推进园区循环化改造工作。襄阳市制定了《关于推进园区循环化改造工作的通知》《国家循环经济示范县创建工作行动计划》《襄阳市老河口资源循环利用基地实施方案》《关于抓紧推进园区循环化改造工作的通知》，对全市有关园区组织开展循环化改造需求调查、方案编制、组织推进等方面做了具体的安排部署。

在推行清洁生产方面，2016 年湖北省制定并印发了《关于组织实施水污染防治重点行业清洁生产技术推行方案的通知》，督导造纸、印染、制革、纺织等行业相关企业实施清洁化改造。2018 年，省经信委印发了《关于推广应用涉重金属重点行业清洁生产先进适用技术的通知》，要求各地对辖区涉重金属重点行业组织开展清洁生产状况调查研究，鼓励企业采用先进技术实施技术改造，实施技改重点工程项目，从源头削减控制重金属污染物的产生，减少涉重金属行业对环境造成的污染。

为促进农业绿色发展，湖北省委办公厅、省政府办公厅出台《关于创新体制机制推进农业绿色发展的意见》，全面指导农业绿色发展工作。原省农业厅出台《关于禁止、限制销售和使用剧毒、高毒农药的实施意见（试行）》，加强农药销售监管；印发《湖北省水产养殖用投入品专项整治三年行动方案》，加强水产养殖用投入品监管。

2.1.2　地方性法规和标准体系

湖北省在"十三五"期间制修订了《湖北省大气污染防治条例》《湖北省土壤污染防治条例》《湖北省清江流域水生态环境保护条例》《湖北省汉江流域水环境保护条例》《湖北省河道采砂管理条例》《湖北省天然林保护条例》《湖北省气候资源保护和利用条例》《神农架国家公园保护条例》等地方性法规，批准实施了设区的市（州）制定的地方性法规 15 部，基本形成了较为完备、具有湖北特色的生态环境保护法规体系，有力推进了生态环境保护的法治保障建设。与此同时，湖北省积极推进《湖北省长江生态环境保护条例》《湖北省固体废物污染环境防治条例》的立法进程。全省环境保护的法规体系日益健全，刚性约束越来越紧，环境违法的惩治力度越来越大，有法必依、违法必究的环境法治氛围基本形成。在标准方面，湖北省发布了《湖北省汉江中下游流域污水综合排放标准》《湖北省汽车涂装行业挥发性有机物排放标准研究》《湖北省印刷行业挥发性有机物排放标准》《磷矿开采行业水污染物排放标准》等地方标准。

2.2　长江大保护工作深入推进

2015 年，习近平总书记在重庆主持召开推动长江经济带发展座谈会，指出要"把修复长江生态环境摆在压倒性位置，共抓大保护，不搞大开发"。2018 年和 2020 年，习近平总书记分别在武汉、南京主持召开座谈会，展开生态优先、绿色发展的宏图。"十三五"期间，湖北省坚持把修复长江生态摆在首要位置，推进整体性长江大保护。一是实施长江大保护九大行动、长江大保护十大标志性战役、长江经济带绿色发展十大战略性举措、长江保护修复攻坚战；二是在全国率先完成长江入河排污口航测任务，12 480 个长江入河排污口实现有口皆查、应查尽查；三是持续开展"绿盾"自然保护地强化监督工作，推动 3 131 个问题整改落实；四是大力推进留白增绿，修复岸线生态，取缔长江干线非法码头 1 787 个，腾退岸线 149.8 km，长江岸滩岸线生态复绿 856 万 m²，长江两岸造林绿化 75.4 万亩。

2.2.1　沿江绿色生态廊道构建

促进长江岸线有序开发。严格落实湖北省委、省政府关于沿江 1 km 范围内禁止建设重化工、造纸等行业的准入规定。开展长江经济带专项整治，禁止新建引水式水电站，严格石油化工和煤化工等重化工新建项目审批。累计完成 217 家"三磷"企业环境问题排查、115 家问题企业整改工作。完成 405 家沿江化工企业关改搬转工作。宜昌市在全国率先开展长江岸线化工企业关改搬转治绿工作，破解"化工围江"的经验被国务院通报表彰。

妥善处理江河湖泊关系。湖北省水利厅加快开展跨市、县江河流域水量分配工作，经省政府同意已印发 15 条河流水量分配方案，另有 5 条河流水量分配方案完成技术审查。加强涉水工程生态泄放与调度管理，建立了 679 个涉水工程生态基流监管名录。以丹江口库区及上游、三峡库区和洞庭湖流域水环境综合治理为重点，实施流域污染治理、底泥清淤和岸线整治等工程。建设沿江、沿河、环湖水资源保护带、生态隔离带，积极开展河湖滨岸带拦污截污工程和长江河道崩岸治理工程，推动梁子湖流域、四湖流域、长江中游平原湖泊、汉江流域创建各类生态示范区、试验区。

强化沿江生态保护和修复。推进江汉平原湖泊水生态保护与修复，五大湖泊退垸（田、渔）还湖累计完成 244.97 km²。扎实开展长江防护林工程建设，全省重点防护林工程造林面积达 90.8 万亩，退耕还林达 68.63 万亩。

加强省际协作。积极与豫、陕、渝、湘、皖、赣等周边省（市）合作，建立健全跨区域生态环境保护联动机制，促进长江中游城市群绿色发展，推进湖北长江经济带生态保护修复。协助维护好大别山、秦巴山、武陵山、幕阜山、桐柏山等重要生态功能区的生态功能，切实保障南水北调中线工程等顺利推进。

2.2.2　重点生态区域严格保护

强化重点生态功能区的保护和管理。修订完善国家重点生态功能区支付资金管理办法，累计拨付下达国家重点生态功能区转移支付补助 106.88 亿元。对生态环境改善情况较好的地区加大转移支付力度，对生态环境改善工作推进不力的地区适当扣减转移支付补助。安排资金用于支持全省森林生态补偿、全省湿地保护和国家水土保持重点工程建设，部署年度国家重点生态功能区县域生态环境质量监测与现场抽查工作。

强化自然保护区规范化管理。深入开展"绿盾"自然保护区监督检查专项行动，印发年度自然保护区监督检查专项行动实施方案，组成督查组开展现场巡查工作。共查出不符合保护区要求及违法违规问题线索 4 503 个，其中完成整改 3 178 个。配合国家圆满完成 15 个国家级自然保护区管理评估工作，完成三峡万朝山和宜昌中华鲟 2 个省级自然保护区申报国家级工作，完成龙感湖国家级自然保护区调规工作，完成 13 个涉及自然保护区建设项目的生态准入审查工作。探索建立自然保护区内人类活动遥感监测评价制度，每年及时向生态环境部反馈遥感监测评价核查结果，完成自然保护区内人类活动遥感监测评估国家试点省份的申报工作。全面完成《湖北神农架国家公园体制试点区试点实施方案》确定的 13 项体制试点改革任务，取得明显成效。已构建包括 3 个国家公园、43 个自然保护区、277 个自然公园在内的自然保护地体系。

加强水生态环境保护区管理。建立了 13 个水生生物自然保护区、66 个国家级水产种质资源保护区及 4 个省级水产种质资源保护区。省人大常委会出台了《关于长江汉江湖北段实施禁捕的决定》，以立法驱动禁捕退捕的做法为全国首例。在全国率先出台《关于做好长江禁捕退捕渔民安置保障集中攻坚专项工作的通知》。实现禁捕后，长江宜昌三江段大量江豚结伴而行，长江潜江段 30 年来再现江豚。推动长江宜昌至湖口段亟待拯救的濒危物种专项救护工作。

加强森林生态系统保护与建设。全面实施绿满荆楚行动、精准灭荒工程和长江两岸造林绿化行动，持续开展大规模国土绿化工作，森林覆盖率、森林蓄积量分别达到 42% 和 4.2 亿 m³，森林资源总量和质量实现较大幅度提升。统筹推进天然林保护和公益林管理工作，保护全省 8 282 万亩天然林和公益林，全面停止天然林商业性采伐。新增国家森林城市 5 个，省级森林城市 20 个。

强化自然湿地保护。2018 年以来，省林业局组织开展了退耕还湿摸底调研，并组织、指导相关单位编制实施方案。积极争取中央财政补助资金近 1 亿元，对退耕还湿实施单位予以补助。完成退耕还湿 19.16 万亩，建成国际重要湿地 4 处、国家重要湿地 8 处、国家湿地公园 66 处，总数分别居全国第 2 位、第 1 位、第 3 位。

加强资源开发的生态监管与修复。拨付重点生态保护修复治理资金 2.63 亿元，用于长江干流两岸 10 km 范围内历史遗留废弃工矿土地整治和历史遗留废弃露天矿山环境修复治理。累计关闭煤矿 178 处。完成长江干支流 10 km 范围内废弃露天矿山生态修复治理面积 3.29 万亩。黄石、宜昌、武汉等地矿山地质环境治理示范工程顺利实施。

推动水土流失综合治理工作。水土流失面积由 2018 年的 3.25 万 km² 减少到 2020 年的 3.16 万 km²，水土保持率由 2018 年的 82.49% 提高到 2020 年的 82.97%。治理水土流失面积新增至 4 629 km²，水土流失强度明显降低，水土流失状况得到改善。开展了长江流域水土保持生产建设项目专项执法行动和"天地一体化"遥感监管行动。

加强石漠化防治。以秦巴山、武陵山、大别山、幕阜山等重点山系为主，抓好石漠化治理等具有水土流失治理功能的工程建设，在十堰、恩施等岩溶地区坚持开展石漠化综合治理工作，加快沙化土地、废弃矿山、破损山体的生态修复和治理，坚决控制人为因素可能产生的石漠化现象。全省石漠化综合治理的面积达到 290.3 万亩，崇阳雨山国家石漠公园获得国家林草局批复。

2.2.3 生物多样性保护得到加强

推进实施《湖北省生物多样性战略与行动计划》。编制完成《湖北省生物多样性保护优先区域规划（2017—2030 年）》，划定丹江口库区湿地-森林生物多样性等 7 个生物多样性保护优先区域，规划大巴山、大别山、洞庭湖、鄱阳湖、武陵山地区生物多样性保护重点工程。制定全省重点区域生物多样性调查、观测与评估工作方案，推动全省生物多样性保护。将承载生物多样性的自然保护地纳入生态保护红线制度，实行刚性约束保护。定期开展生态系统评估工作：完成 2010—2015 年全省生态状况调查与评估工作，重点对洪湖湿地和丹江口库区生态变化进行分析梳理；开展 2015—2020 年全省生态状况调查与评估工作，完成 2 399 个生态系统核查点位现场核查工作，建立地面生物多样性观测样区。

加强野生动植物保护。结合全国第二次陆生野生动植物资源调查工作，在大别山地、武陵山地、三峡谷地、大巴山地、武当山地、江汉平原、长江中游平原等 11 个调查单元开展陆生野生动物资源调查，调查到陆生野生脊椎动物 228 种。基本查明了珍稀濒危保护动植物的数量、分布、生境等状况，初步构建了陆生野生动植物基础信息数据库。印发《关于全面禁止食用野生动物严格野生动物保护管理的通知》，坚决革除滥食野生动物的陋习。开展"2020 网络市场监管专项行动"（网剑行动），实施打击野生动物违规交易的专项执法行动（清风行动），全面禁止非法野生动植物交易。构建了沿江救治救护应急体系，成功救治救护大型中华鲟 30 余尾、长江江豚 5 头、大鲵 200 余尾、胭脂鱼 120 余尾、珍稀龟类 30 余只。已建成一批中华鲟、大鲵、胭脂鱼人工保种繁育基地，其中建成中华鲟人工保种基地 11 个。持续推进湿地生态修复工程建设，生态环境明显改善，全省越冬水鸟种群数量不断上升。

强化生物安全管理。加强外来物种监管工作，建立外来物种预警系统，提升检疫能力，加大外来有害物种防治力度。完善监测预警机制，强化林业有害生物的日常监测和专项调查力度，每 5 年组织开展一次普查。初步建立野生动物疫源疫病监测防控和救护体系，防治检疫队伍建设得到全面加强，生物入侵防范能力得到显著提升，松材线虫病等重大林业有害生物灾害得到有效控制。

探索生物多样性保护与减贫协同推进模式。采取替代生计、特色资源、生态旅游、社区共管、生态移民、绿色考评等模式，落实精准扶贫要求。将公益林补偿足额兑现到人，利用森林生态效益补偿和天然林保护资金使有劳动能力的部分贫困人口转为护林员等生态保护人员。

此外，在生态省、市、县、乡（镇）、村"五级联创"工作基础上，开展生态旅游示范区、国家森林城市等其他创建工作。国家全域旅游示范区有武汉市黄陂区、恩施州恩施市、宜昌市夷陵区、咸宁市通山县、神农架林区、黄冈市英山县、宜昌市远安县、恩施州利川市 8 家，数量位居中部第一、全国前五。已建成荆门、咸宁、十堰、黄石、宜都、荆州、恩施等国家森林城市 11 个、省级森林城市 36 个。

2.3 绿色低碳发展加快推进

2.3.1 产业结构调整

"十三五"期间，湖北省产业结构实现了由"二三一"到"三二一"的历史性转变，共淘汰炼铁落后产能 125 万 t、炼钢落后产能 559 万 t、水泥落后产能 325.7 万 t、平板玻璃落后产能 1 907 万重量箱、电解铝落后产能 16.5 万 t，关闭退出煤矿 298 处，退出产能 2 043 万 t。

除依法依规淘汰落后产能外，全省大力推进技术改造。"十三五"期间累计实施"万企万亿"技改项目 1.59 万个，完成投资 1.31 万亿元。高技术制造业增长迅速。2020 年，湖北省高技术制造业增加值增长了 4.1%，增速高于全省增加值 10.2 个百分点。智能制造发展持续推动，"十三五"期间在机械、汽车、电子、轻工、食品、纺织等行业遴选了 157 家省级智能制造试点示范企业，带动全省 1 000 余家企业智能化改造。

湖北省还积极培育新动能以促进产业结构转型。坚持把培育发展新兴产业作为突破口，加快新旧动能接续转换。2020 年，全省战略性新兴产业产值达到 2.5 万亿元，"十三五"年均增长 11%，高于地区生产总值增速 5.9 个百分点。在全国率先制定发布全省产业地图，全景式、可视化地呈现了湖北省总体产业格局、十大重点产业布局、百家产业集群分布，推动市县协调发展、错位发展。打造新集群，围绕四大产业基地和十大重点产业聚力打造先进制造业集群。出台了《湖北省智能制造试点示范工程实施方案》，信息光电子创新中心获批国家级创新中心；组织评选了50 个"湖北省智能制造示范单位"，带动了全省 1 000 多家企业实施智能化改造。2020 年，全省上云工业企业达 3.2 万家，数字经济规模达 1.75 万亿元，数字经济核心产业增加值占全省地区生产总值的比重达 5.6%。2020 年，技术改造投资占工业投资的比重为 40.9%。聚力打造先进制造业集群，"光芯屏端网"产业规模突破3 000 亿元，新获批 4 个国家级战略性新兴产业集群、1 个全国应急产业示范基地。支持襄阳、宜昌和孝感建设国家军民融合产业基地。注重新型工业化产业示范引领，截至 2020 年共打造 16 个国家级新型工业化产业示范基地。

2.3.2 能源结构优化

"十三五"期间，积极推广利用可再生能源，因地制宜地发展风电、光伏、生物质能等新能源。遵循"统一规划、以热定电、立足存量、结构优化、提高能效、环保优先"的原则，有序推进热电联产项目建设，2019 年京能十堰热电联产 2 台35 万 kW 机组建成投运，2020 年荆州热电二期扩建 2 台 35 万 kW 项目核准，京能十堰热电联产二期扩建 1 台 35 万 kW 项目纳入规划并抓紧开展前期工作。加强能源通道建设，全省电网结构持续优化，陕北—湖北特高压直流输电工程开工建设，渝鄂直流背靠背联网工程建成投运。鄂西北环网建成，解决了十堰、恩施、黄冈等地送受电卡口等问题，武汉、襄阳等负荷中心网架结构不断加强。截至 2020 年年底，湖北电网投产 500 kV 电网项目 21 个，新增变电容量 1 345 万 kV·A，新增线路长度 917.8 km；全省 220 kV 及以上变电容量和线路长度分别达到 13 509 万 kV·A 和

3.03 万 km，分别是 2015 年的 1.31 倍、1.15 倍。新一轮农网改造升级工程提前完成国家目标要求，农网供电可靠率、综合电压合格率和户均配变容量分别达到 99.80%、99.95% 和 2.15 kV·A/户。"十三五"期间，全省单位地区生产总值能耗下降了 17.2%，非化石能源消费占比 18% 以上，高于全国平均水平 3 个百分点，煤炭消费占比降至 54% 以下，可再生能源发电装机占比 60% 以上，新能源发电装机超过 1 000 万 kW。

湖北省在优化能源结构的同时，一是加强重点领域节能，尤其是强化工业领域节能，大力推进工业节能降耗、循环利用、绿色制造等工作。"十三五"期间，单位工业增加值能耗下降了 18.47%。二是加强建筑领域节能。积极组织开展绿色生态城区和绿色建筑省级示范工作，新建建筑节能标准执行率逐年提高，设计阶段达到 100%，施工阶段达到 99.6%。三是推进交通领域节能。加强顶层设计，出台专项规划和实施方案。截至 2019 年年底，全省已完成 160 个泊位岸电新建工作。城市公交和城市物流配送领域新能源车数量增长较明显，新增和更新新能源公交车比例达到 94%。四是加强公共机构节能。组织开展节约型示范单位创建活动，全省 8 家公共机构纳入国家能效领跑者、52 家纳入国家级节约型公共机构示范单位，58 家纳入省级公共机构节能示范单位。五是强化重点用能单位节能管理。实施重点用能单位"百千万"行动，启动重点用能单位能耗在线监测省级平台建设。

2.3.3 循环经济发展

能效水平持续提升。提高能效水平是满足我国现代化能源增长需求的重要保障。"十三五"期间湖北省单位地区生产总值能耗持续下降，2019 年单位地区生产总值能耗顺利完成年初确定的 2% 的目标。2015—2019 年，相比上一年降低率分别为 7.66%、4.97%、5.54%、4.40%、3.41%（图 2-1）；17 个市（州）中，除咸宁市在 2016 年、2017 年和随州市在 2018 年单位地区生产总值能耗有所上升外，其他 15 个市（州）单位地区生产总值能耗均逐年下降。

水资源利用效率不断提升。2019 年，湖北省总供水量和总用水量均为 303.15 亿 m³。在全省总用水量中，农业用水 153.06 亿 m³，占 50.5%；工业用水 91.25 亿 m³，占 30.1%；生活用水 58.84 亿 m³，占 19.4%。总用水消耗量为 129.34 亿 m³，耗水率为 42.7%。

2025—2019 年，全省平均万元地区生产总值（当年价）用水量为 66 m^3，万元工业增加值（当年价）用水量为 57 m^3[①]，较 2015 年分别下降 35.29%、29.63%（图 2-2）。农田灌溉水有效利用系数由 2015 年的 0.500 提升至 2019 年的 0.522（图 2-3）。

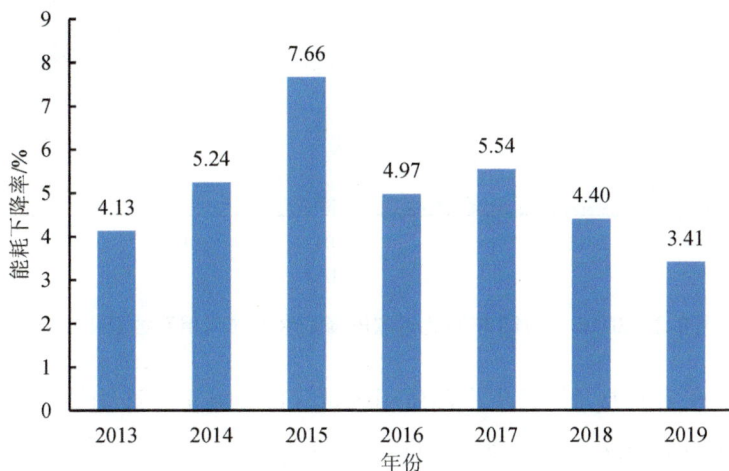

图 2-1　2013—2019 年湖北省单位地区生产总值能耗下降情况

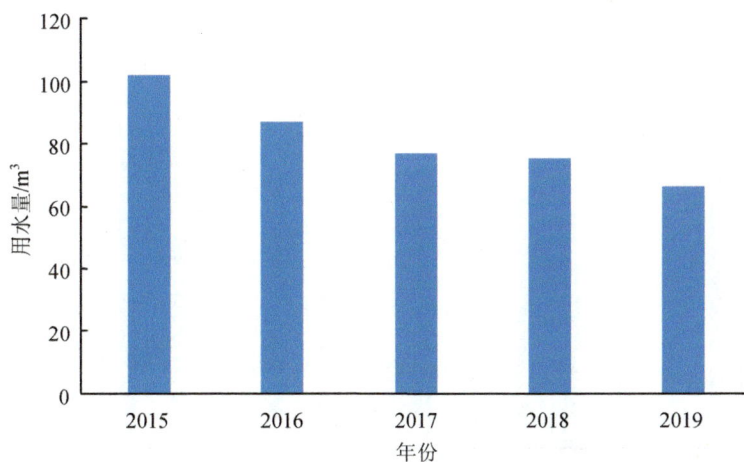

图 2-2　2015—2019 年湖北省万元地区生产总值用水量变化趋势

---

① 2019 年湖北省水资源公报，https://slt.hubei.gov.cn/bsfw/cxfw/szygb/202008/t20200811_2779790.shtml。

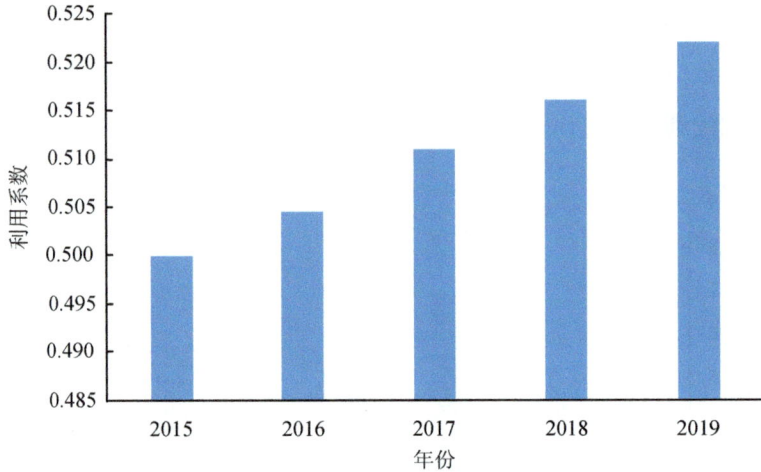

图 2-3　2015—2019 年湖北省农田灌溉水有效利用系数变化趋势

　　17 个市（州）的万元地区生产总值用水量除部分城市有波动外，总体均呈下降趋势。2019 年万元地区生产总值用水量与 2015 年相比，17 个市（州）的水耗下降率均在 20%以上，其中恩施州、十堰市、神农架林区的下降率居全省前三，分别为 45.12%、43.59%、40.91%；潜江市、仙桃市、随州市位列后三，分别为 20.97%、21.71%、26.13%（图 2-4）。

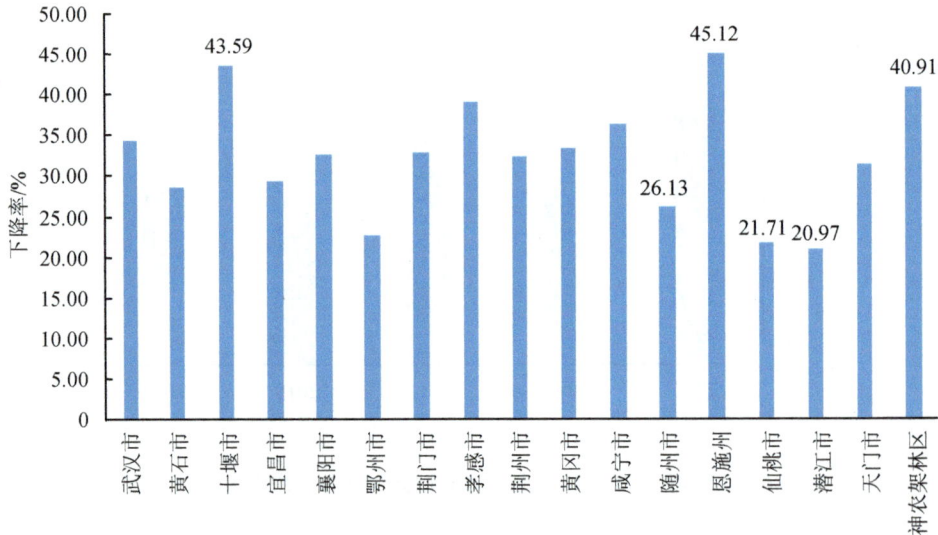

图 2-4　2019 年湖北省万元地区生产总值用水量较 2015 年下降率

从万元工业增加值用水量变化来看（2019 年与 2015 年相比，图 2-5），全省除
鄂州市上升外（上升 9.05%），其他地市均下降。其中，天门市、随州市、潜江市
的下降率居全省前三位，分别为 46.97%、40.00%、38.24%；武汉市、宜昌市、鄂州
市居全省后三位，分别为 12.50%、11.76%、−9.05%。从全省水耗的空间分布来看，
2019 年武汉市、宜昌市、十堰市、恩施州的万元地区生产总值用水量相对较低，武
汉市、随州市、天门市、宜昌市、恩施州和十堰市等的万元工业增加值用水量相对
较低。叠加来看，武汉市、宜昌市、十堰市和恩施州 4 个地区的水耗相对较低，节
水程度相对较高。万元地区生产总值用水量相对较高的是荆州市、天门市和鄂州市，
万元工业增加值用水量较高的是鄂州市，达到 241 m^3（全省最高），约为全省平均
水平的 4.23 倍。

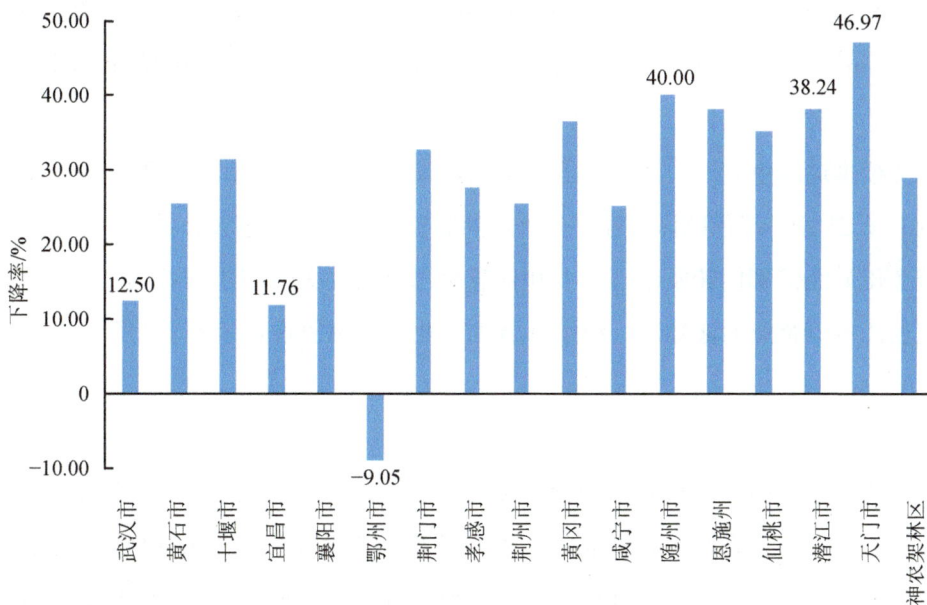

图 2-5 2019 年湖北省万元工业增加值用水量较 2015 年下降率

循环经济示范工程显著提升。全省共争创了 7 类 23 家国家级循环经济示范试
点，其中有 11 家通过了国家验收，共争取中央财政资金 15.5 亿元。依托谷城再生
资源园区、荆门格林美、大冶有色 3 家国家"城市矿产"示范基地，促进资源再生

利用企业集聚化、园区化、区域协同化布局。组织黄石、十堰等 5 个城市开展国家餐厨废弃物资源化利用和无害化处理试点工作，率先建立规范回收和资源化利用体系。组织宜昌猇亭园区、武汉青山工业区等 6 家国家级园区开展循环化改造示范试点。支持荆门、枝江等 5 个城市创建国家循环经济示范市（县），支持老河口市和松滋市建设国家资源循环利用基地、武汉法利莱开展再制造试点、荆门格林美创建国家循环经济教育示范基地。截至 2020 年年底，湖北省实施循环化改造的国家级和省级园区实施率分别达到 85%和 65%。

再生资源循环利用加快推进。湖北省政府积极支持黄石市获批国家大宗固体废物综合利用基地，宜昌市、襄阳市获批国家工业资源综合利用基地。支持万华板材、光谷蓝焰等项目建设，推进秸秆"五化"（肥料化、饲料化、燃料化、原料化和基料化）综合利用；支持远安阳林年产 30 万 t 磷石膏水泥缓凝剂、田鑫建材年产 5 000 万 m^2 磷石膏建筑纸面石膏板、三峡昌耀利用磷石膏年产 100 万 m^3 城市综合管廊等一批综合利用项目，培育了骨干企业。

持续推进绿色制造。"十三五"期间，湖北省创建绿色供应链管理企业 6 家、绿色工厂 53 家、绿色园区 2 家。另外，湖北省力推工业生态设计试点，省经信厅向各市（州）经信部门转发了《工业和信息化部办公厅关于组织推荐第二批工业产品绿色设计示范企业的通知》，组织开展"工业产品绿色设计示范企业"推荐工作。

2.3.4 碳减排取得积极进展

湖北省是全国 7 个碳排放权交易试点省（市）之一。近年来，经过不断努力，湖北省的碳市场建设取得积极成效。"十三五"时期以来，湖北省全面推进控制温室气体排放工作，进一步开展低碳省区建设，推进低碳城市、低碳社区、低碳园区等多层次试点示范。湖北省入选第一批国家低碳试点省份，7 个地区入选国家低碳试点、国家气候适应型城市试点及国家低碳工业园区试点；咸宁市、襄阳市为省级低碳试点城市，全省共 13 个社区获得省级低碳社区称号（表 2-2）。2014 年 4 月，湖北省启动碳排放权交易试点工作，先后投入 9 300 万元建设注册登记系统，基本形成制度健全、交易规范、监管严格、体系完备的碳市场。截至 2020 年年底，湖北省碳市场配额共成交 3.56 亿 t，成交总额 83.51 亿元。除一级市场（配额拍卖）外，湖北省二级市场累计成交 3.47 亿 t，占全国成交量的 51.70%；成交额 81.39 亿元，占全国 56.80%。交易规模、连续性、引进社会资金量等指标位居全国前列。

表 2-2　湖北省低碳试点地区汇总

类型	试点地区
国家试点	第一批国家低碳试点省份：湖北省 第二批国家低碳试点城市：武汉市 第三批国家低碳试点城市：长阳土家族自治县 国家气候适应型城市试点：武汉市、十堰市 国家低碳工业园区试点：武汉青山经济开发区、孝感高新技术产业开发区、黄石黄金山工业园区
省级试点	省级低碳试点城市：咸宁市、襄阳市 首批试点 13 个省级低碳社区：武汉市江欣苑、当代、周铺村社区；襄阳市埠口社区；宜昌市郑家榜、双路村、白龙井社区；荆门市季河社区；咸宁市车站路、清泉社区；鄂州市万秀社区；孝感市西王、百合、邱聂连片社区；天门市健康社区

2.3.5　生态文明建设深入开展

湖北省委、省政府高度重视生态文明建设工作，中共湖北省第十次党代会、省委十届四次全会明确提出"生态立省"重要战略。2013 年，湖北成为生态省建设试点省。2014 年 11 月，《湖北生态省建设规划纲要（2014—2030 年）》由省人大十二届常委会第十二次会议批准实施。为了更好地推进《湖北生态省建设规划纲要（2014—2030 年）》的落实落地，湖北省配套出台了《湖北生态省建设考核办法（试行）》《湖北生态省建设考核办法评分细则（试行）》《湖北省生态文明建设"以奖代补"资金考核评分细则》等规范性文件，对地市开展年度考核并对考核结果进行通报。为推进生态省建设工作在全省域落实落地，湖北省积极推进生态省建设"五级联创"，全省进入以生态省建设引领经济社会高质量发展的新时期，坚持全方位推进、全领域协同、全要素发力，将生态省建设纳入各级各部门中心工作，生态文明建设和绿色发展水平明显提升。在《湖北生态省建设规划纲要（2014—2030年）》全面实施的过程中，湖北省的生态省建设体制机制不断完善，全省生态环境公众满意度逐年上升。截至2020年年底，全省累计创建了12个国家生态文明建设示范市县、3个"绿水青山就是金山银山"实践创新基地、32个省级生态文明建设示范市县、620个省级生态乡镇、5 317个省级生态村，生态文明建设示范创建进入全国第一方阵。湖北省积极开展"绿水青山就是金山银山"实践创新基地建设，十堰市、襄阳市尧治河村、丹江口市先后荣获国家"绿水青山就是金山银山"实践创新基地称号，十堰市成功举办第九届中国生态文明论坛。十堰市和恩施州已实现省级生态文明建设示范区全覆盖，鄂州市生态价值工程经验获国家奖补资金3 000多万元。

2.4　生态环境治理成效显著

2.4.1　国土空间开发与保护格局形成

1. 国土空间规划体系建立

2008年，环境保护部印发了《全国生态功能区划》，在全国划分了50个重要生态功能区，明确了水源涵养、水土保持、防风固沙、生物多样性保护和洪水调蓄等各类生态功能区的保护方向。同年印发的《全国生态脆弱区保护规划纲要》明确了生态脆弱区的保护任务。2015年环境保护部与中国科学院联合开展了《全国生态功能区划》的修编工作，形成了《全国生态功能区划（修编版）》。2010年，国务院印发《全国主体功能区规划》（国发〔2010〕46号），这是我国国土空间开发的战略性、基础性和约束性规划，正式确定了覆盖436个县域的25个国家重点生态功能区。

湖北省政府在2013年发布了《湖北省主体功能区规划》，将全省土地空间分为三大类——重点开发区域、限制开发区域和禁止开发区域。其中，限制开发区域又分为农产品主产区、重点生态功能区，在湖北省 103 个县级行政单位中，国家层面、省级层面的重点开发区域共 44 个，国家层面的重点农产品主产区 29 个，国家层面、省级层面的重点生态功能区共 28 个；禁止开发区域包括自然保护区、世界文化自然遗产、风景名胜区、森林公园、地质公园、湿地公园、蓄滞洪区七大类，约占全省总面积的 31.3%。通过主体功能区规划，全国和省级城镇化战略格局、农业战略格局和生态安全战略格局得以明确。2018 年，湖北省人民政府印发《关于完善主体功能区战略和制度若干意见的实施方案》，要求到 2020 年符合主体功能定位的县域空间格局基本划定，主体功能区战略格局精准落地，资源环境承载能力监测预警长效机制初步建立。基于不同主体功能定位的配套政策体系和绩效考核评价体系进一步健全，国土空间开发保护质量和效率全面提升，主体功能定位清晰、国土空间高效利用、人与自然和谐共生的空间开发新格局加快形成。湖北省城镇发展布局不断完善，中心城市和城市群带动作用逐步增强，武汉市获批建设国家中心城市，武汉城市圈一体化进程加快推进。城镇化质量不断提高，2020 年全省常住人口城镇化率达到 62.89%。县域经济加快发展，全国县域综合发展百强县（市）增加到 7 个。以江汉平原为主体的农业发展空间布局不断优化，全省粮食安全得到有效保障。

《中华人民共和国国民经济和社会发展第十三个五年规划纲要》提出要以主体功能区规划为基础统筹各类空间性规划，推进"多规合一"。2017 年，国务院颁布的《省级空间规划试点方案》提出要划定城镇、农业、生态空间及生态保护红线、永久基本农田、城镇开发边界（简称"三区三线"），要求"统一管控分区，以'三区三线'为基础，整合形成协调一致的空间管控分区"。省级空间规划试点在性质上属于省级层面的"多规合一"。在省级尺度上将全部国土空间都归入"三区三线"，建立一套省域空间分类体系，不仅可以解决大尺度空间规划的冲突和重叠问题，而且可以为下一层级的市县空间规划明确方向，实现省级和市县级空间规划的顺利衔接。湖北省是试点省份之一，2017 年以来结合国土空间规划编制的实践，探索出一套适合实际的省级国土空间规划编制方法。

2. "三线一单"划定

2011 年,《国务院关于加强环境保护重点工作的意见》(国发〔2011〕35 号)发布,首次提出在重要生态功能区、陆地和海洋生态环境敏感区、脆弱区等区域划定生态保护红线,以一条红线管控重要生态空间的思路初见雏形。2017 年,中共中央办公厅、国务院办公厅印发《关于划定并严守生态保护红线的若干意见》,提出以改善生态环境质量为核心,以保障和维护生态功能为主线,按照山水林田湖系统保护的要求,划定并严守生态保护红线,实现一条红线管控重要生态空间,确保生态功能不降低、面积不减少、性质不改变,维护国家生态安全,促进经济社会可持续发展。

2018 年 5 月,习近平总书记在全国生态环境保护大会上指出,"要加快划定并严守生态保护红线、环境质量底线、资源利用上线三条红线。"同年 6 月,《中共中央　国务院关于全面加强生态环境保护坚决打好污染防治攻坚战的意见》印发,明确提出省级党委和政府加快确定"三线一单"[①],在地方立法、政策制定、规划编制、执法监管中不得变通突破、降低标准。

湖北省自 2017 年 10 月启动"三线一单"编制工作,省政府高度重视,成立了由分管省长任组长的项目协调小组,统筹部署,扎实推进,保障了全省编制工作的有序开展。湖北省立足"长江经济带重要省份"、"长江流域重要水源涵养地"和"国家重要生态屏障"等区域战略定位及"一芯驱动、两带支撑、三区协同"[②]的区域和产业发展布局,审视区域发展和资源环境面临的战略性突出问题,以生态环境质量总体改善为总目标,编制形成"三线一单",综合划定了 1 076 个环境管控单

[①] "三线一单"即生态保护红线、生态环境质量底线、资源利用上线、生态环境准入清单。
[②] "一芯驱动"指要大力发展以集成电路为代表的高新技术产业、战略性新兴产业和高端成长型产业,培育国之重器的"芯"产业集群,将武汉、襄阳、宜昌等地打造成为综合性国家产业创新中心、"芯"产业智能创造中心、制造业高质量发展国家级示范区,加快形成中心带动、多极支撑的"芯"引擎,加快形成高质量发展的"芯"动能体系;"两带支撑"指要以长江经济带、汉江生态经济带为依托,以沿线重要城镇为节点,打造长江绿色经济和创新驱动发展带、"汉孝随襄+"制造业高质量发展带;"三区协同"指要按照区域统筹、产业集聚的思路,推动鄂西绿色发展示范区、江汉平原振兴示范区、鄂东转型发展示范区竞相发展,形成全省东、中、西三大片区高质量发展的战略纵深。

元。"三线一单"成果充分衔接现有环境管理要求，以维护生态功能和解决突出问题为导向，从全省、三大片区、17个地市和环境管控单元4个层级进行区域发展及环境问题研判，构建了覆盖全省的生态环境分区管控体系。

2.4.2　环境监管进一步强化

为实现环境质量总体改善，"十三五"时期的首要任务就是着力打好大气、水、土壤污染防治三大战役。湖北省"十三五"环境保护规划将环境质量改善目标和任务落实到区域、流域、城市和控制单元，实施清单式管理。在宏观上，加强火电、钢铁、水泥、玻璃、化工、造纸等重点行业综合整治，推进实施长江中游、汉江中下游、清江、丹江口库区、三峡库区、漳河水库等重点流域综合治理，开展土壤修复示范，加快黄石国家土壤污染综合防治先行区建设等各项重点工作；在微观上，以污染源达标排放为底线，严格执行总量控制制度，大幅削减污染物存量，严格各类污染源的环境监管，提高环境污染防治绩效，确保环境优良地区的环境质量不退化、不降级，污染严重地区的环境质量明显改善，让人民群众有切实的环境质量改善获得感。

1. 针对源头的控制性监管

加强生态环境监测网络建设。2016年，湖北省人民政府印发《湖北省生态环境监测网络建设工作方案》，对全省生态环境监测网络建设作出了全面规划和部署。建成了涵盖空气、地表水、土壤、地下水、生态、噪声等要素，覆盖全省的生态环境监测网络体系，包括以城市环境空气质量监测评价站点为主，各项功能性、专项监测站点为补充，雷达、遥感、走航等新技术广泛运用的多元化大气立体监测网络；实现了地表水国控考核主要指标、重要集中式饮用水水源地水质连续自动监测和全省县级行政区及各类土壤类型全覆盖的土壤环境质量监测体系。湖北省累计已建成联网的水质自动站167座、城市空气自动站161座、土壤监测点位6 006个，建设完成10座大气超级站、4座区域站、4座工业园区站和4座港口站，全省共有噪声自动监测设备433套，形成覆盖全省的生态环境监测网络体系。农村环境质量监测范围覆盖 167 个村庄。初步搭建了以省级站为中心，以武汉、黄石、荆州、宜昌、襄阳为区域核心的"1+5"生态环境应急监测网络体系。

推进省以下环保机构监测监察执法垂直管理。湖北省印发《省监测监察执法垂直管理制度改革专项择优划转工作方案》，统筹推进生态环境系统三大改革任务，全面完成厅机构改革。环保垂管改革基本完成，建立了由省生态环境保护监察专员、省委生态环境保护督察办公室、区域监察专员办公室 3 个层级构成的省级生态环境监察体系。全省 15 个生态环境监测中心机构职能配置、内设机构和人员编制规定、人员划转工作全面展开。10 个市（州）、39 个县（市、区）完成执法队伍组建和挂牌工作。

完善排污许可制度。印发了《湖北省控制污染物排放许可制实施方案》。按期完成 33 个行业的排污许可清理整顿和 91 个行业的排污许可发证登记工作，累计核发排污许可证 9 933 份，纳入登记管理的排污单位累计 69 585 家，要求限期整改的累计 833 家，实现排污许可全覆盖。采取随机监管和靶向监管相结合、非现场监管和现场监管相结合的方式，对重点区域、重点流域的重点行业排污许可证核发情况进行抽查，重点检查依法申领、违规降级管理、发证质量等情况。认真落实"一网通办"要求，缩短办证工作时限，优化管理流程，密切配合开展"证照分离""跨省通办"等工作。持续推进以排污许可制度为核心的固定污染源监管制度体系建设。

加强环境信息公开及信用评价。通过全省污染源信息管理与发布平台，及时公开湖北省污染源监督性监测和重点排污单位自行监测信息。将入河排污口设置审批列入省投资项目在线审批监管平台，严格贯彻"一网通办"和"减时限、减材料、减跑动、减环节"的要求，将排污口设置审批承诺服务时限缩减为 15 个工作日。排查并公布不达标工业污染源名单。根据《湖北省控制污染物排放许可制实施方案》，把排污许可证纳入日常执法检查内容，督促企业持证排污、按证排污，严厉打击无证排污行为，逐步实现"核发一个行业、清理一个行业、达标一个行业、规范一个行业"的目标。各级政府制定了本辖区工业污染源全面达标排放计划，每季度向社会公布"红、黄牌"企业名单，实施分类管理。建立污染源自动监控数据超标和自动监控设施异常问题的长效监管机制，实现了"每月一督办、每季度一通报"。全省各级生态环境部门应用自动监控数据处罚排污企业 150 万元。对 845 个污染源自动监控点位建设省级污染源智能监控系统。除公布不达标工业污染源名单外，湖北省在"十三五"期间积极建立企业环境信用评价制度。印发《湖北省企业环境信用评价办法（试行）》，采用负评价方式，与日常环境监管工作结合，对全省企业违法违规行为进行实时记分，实时向社会发布参评企业环境信用等级。落实《关于印发〈失信企业协同监管和联合惩戒合作备忘录〉的通知》，对受到生态环境部门行政处罚和失信评价的当事人采取市场准入和任职资格限制措施，实行联合信用惩戒。积极运用国家企业信用信息公示系统，依法归集共享生态环境部门提供的许可信息和对环境违法企业的行政处罚信息，并及时推送至企业名下进行公示。

加强限期整治。实施工业企业限期达标排放改造。以钢铁、水泥、石化、有色金属、玻璃、制浆造纸、印染、化工、氮磷肥、食品加工、原料药制造、制革、农药、电镀等行业为重点，分流域、区域制定重点行业企业限期整治方案，完善环保设施建设及运营管理措施，贯彻稳定达标排放要求，鼓励企业继续减污。对长期超标排放的企业、无治理能力且无治理意愿的企业、达标无望的制造落后产能和过剩产能的企业依法予以关闭淘汰。在推进重点行业环境污染综合整治的过程中，通过实施《湖北省沿江化工企业关改搬转工作方案》，完成任务清单的企业累计 417 家，破解"化工围江"的成效受到国务院肯定。

开展清洁生产审核。每年发布年度强制性清洁生产审核重点企业名单；省生态环境厅下发《关于开展清洁生产审核工作的通知》，每年定期调度企业进度，督促地方生态环境部门指导辖区内相关企业按时完成清洁生产审核。省经信厅印发《关于组织实施水污染防治重点行业清洁生产技术推行方案的通知》《关于推广应用涉重金属重点行业清洁生产先进适用技术的通知》，积极在重点行业推广应用清洁生产先进适用技术，鼓励涉重金属行业有毒有害原料（产品）替代品的推广应用。每年组织对 17 个市（州）生态环境部门清洁生产管理人员和部分企业、咨询机构进行培训，提高相关工作人员的履职能力和管理水平。

2. 针对大气污染防治的监管

湖北省城市大气环境质量稳中向好，环境空气质量优良天数比例总体呈上升趋势。2019 年，全省 17 个重点城市的环境空气质量优良天数比例为 77.7%，较 2015 年（71.6%）提升 6.1 个百分点。在新冠疫情导致的全省大面积停工停产的影响下，2020 年改善情况明显，17 个重点城市平均优良天数比例达到 88.40%，较 2015 年提升 16.9 个百分点。2020 年纳入国家考核范围的 13 个城市的环境空气质量优良天数比例为 87.5%，较 2015 年（70.3%）上升 17.2 个百分点。2019 年，恩施州的环境空气质量达到了国家二级标准，2020 年 17 个城市中有 9 个城市（神农架林区、恩施州、咸宁市、十堰市、潜江市、仙桃市、天门市、孝感市、黄石市）达到国家二级标准。"十三五"时期，全省 $PM_{2.5}$ 年均浓度值持续下降（图 2-6）。2019 年全省 13 个国考城市 $PM_{2.5}$ 浓度均值为 44 $\mu g/m^3$，较 2015 年下降了 29.03%，17 个重点城市的 $PM_{2.5}$ 浓度均值为 42 $\mu g/m^3$，较 2015 年下降了 31.15%。2020 年，全省 13 个国考城市的 $PM_{2.5}$ 浓度均值为 37 $\mu g/m^3$，较 2015 年下降了 40.32%，17 个重点城市的 $PM_{2.5}$ 浓度均值为 35 $\mu g/m^3$，较 2015 年下降了 42.62%。

图 2-6 2015—2020 年湖北省重点城市 $PM_{2.5}$ 浓度均值变化

加强移动源环境监管。湖北省累计淘汰黄标车近40万辆，超额完成国家"大气十条"考核要求的"淘汰90%以上的黄标车"目标任务。推进柴油货车污染治理攻坚工作，按时完成油品配套升级目标任务。开展柴油货车和非道路移动机械专项整治行动，地级及以上城市均已划定高排放非道路移动机械禁行区，非道路移动机械登记备案10余万台，构建1 000余家在用柴油车大户（≥20辆）清单。开展新车环保一致性检查工作，抽测部分车型道路实际排放情况，印发《关于建立汽车排放检验与维护制度的实施意见》，建成省、市（州）机动车监管综合业务平台，实现了机动车排放检验、遥感监测国家—省—市三级联网。积极推进码头岸电设施建设，在船舶港口推广使用液化天然气（LNG）等清洁燃料，完成第三批港口岸电申报工作。武汉市被交通运输部授予"国家公交都市建设示范城市"，绿色出行比例显著上升。

加强大气面源污染防治。针对扬尘造成的大气污染，湖北省政府办公厅出台《关于加强建筑施工扬尘防治工作的意见》，健全建筑施工场地扬尘防治工作台账和责任清单，重点工地安装扬尘在线监控设施，依法查处各类建筑施工扬尘违法违规行为。加大煤仓、采石堆场或其他料场环保违法违规清理整顿工作力度，堆场作业配套喷淋降尘措施，增加城市道路冲洗保洁频次。持续采用无人机对全省各地露天焚烧秸秆情况进行巡查，及时通过省生态环境厅网站通报巡查结果，实现了由"重点时期管控"向"全年持续防控"的转变。持续推进煤炭清洁高效利用，加快天然气产供储销体系建设，"以气定改"逐步提高天然气使用比例。督导各地不定期开展餐厨油烟专项整治，依法取缔餐饮占道经营和露天烧烤。利用生物质火点探测技术向地方提供疑似火点，精准指导地方强化禁烧监管。

加强重污染天气应对。出台《湖北省环境空气质量预警和重污染天气应急管理办法》，组建重污染天气应对工作专班。发布环境空气质量预警快讯，适时启动应急预警，赴重点地区开展重污染天气应对现场督导工作，因地制宜地采取临时管控措施。组织各地开展重污染天气应急减排清单编制和修订，对重点行业实施绩效分级管理。

3. 针对水污染防治的监管

纳入《湖北省水污染防治行动计划工作方案》中的 114 个断面水质优良比例和劣 V 类水体比例均达到年度目标要求，水质优良断面比例由 2016 年的 82.5% 提高到 2020 年的 91.2%，劣 V 类水体比例由 4.4% 降至 2020 年的 0。

湖北省境内河流湖泊密布，水资源丰富。在推动流域环境综合整治过程中，湖北省以问题为导向，组织对 27 条流域 46 个断面编制了达标方案，对 9 个跨界河湖制定省级治理方案，"一水一策"统筹推进流域综合整治。对有关地市政府实施"点对点"水质预警通报，进一步落实各级河湖长责任。充分借力各专项督查，推动解决一批"老大难"水环境问题。基本完成"千吨万人"和乡镇级集中式饮用水水源地划定，县级以上水源地排查出的问题全部完成整改。

2018 年，湖北省印发《进一步推进全省生态环境问题整治工作方案》，集中开展水质提升专项整治等八大攻坚行动。全省通过"拆、堵、关、停、限、治、补"等强力措施，提升一批良好断面、防控一批风险断面、消除一批劣类断面。各级持续加快重点工程建设，累计实施水污染物减排项目 8 274 个；狠抓工业污染治理，关闭取缔造纸、制革、印染等"十小"企业 158 家，此外自加压力新增关闭小选矿、小冶炼、小塑料、小化工 1 079 家（生产线）；101 家省级及以上工业集聚区建成污水处理设施。针对部分区域水资源配置短板，制定了通顺河、汉北河等水资源调度方案，流域水资源保障水平明显提升。

加强跨界水污染治理。以污染严重、上下游矛盾纠纷频发的通顺河为试点，坚持"水岸一体、上下游一体、防汛抗旱与环境保护一体、近期与长远一体"，探索流域性污染问题的解决方案和工作方法。经湖北省人民政府同意先后印发《通顺河流域水环境综合整治方案》《通顺河流域水环境综合整治水资源调度方案实施细则（试行）》等"一河一策"治理方案，配套制定《通顺河水环境综合整治工作考核办法（试行）》，建立联席会议制度、信息共享和协同应急处置机制，打造江汉平原跨界流域综合整治样板工程。近年来，通顺河各考核断面均达到跨界水质目标要求，水质为近 20 年最高水平。

　　加强湖泊与水库环境保护。印发《湖北省五大湖泊防洪排涝与生态调度意见》，完成列入省湖泊保护名录的 755 个湖泊划界、成果公告和勘界定桩工作。全面完成全省五大湖泊 46 个圩垸退垸还湖任务。完成全省 30 处长江流域非法矮围集中清理整治工作。实现湖库水质监测信息共享，利用《湖泊水质核查月报》平台，定期通报湖泊水质。对纳入国家《水质较好湖泊生态环境保护总体规划（2013—2020 年）》的 27 个重点湖库，全面开展生态环境安全评估。针对中央生态环境保护督察反馈的湖泊问题，督促加快问题整改验收。

　　积极防治地下水污染。印发《湖北省地下水污染防治实施方案》，初步建立地下水型饮用水水源和重点污染源清单，完成湖北省《全国地下水污染防治规划（2011—2020 年）》贯彻实施情况终期评估。2020 年，湖北省地下水质量考核点位水质级别保持稳定，极差点位比例满足国家考核目标要求。印发《关于按期完成加油站地下油罐防渗改造工作的通知》，完成防渗改造任务的加油站 3 742 座，地下油罐 13 808 个，全部更新为双层罐或完成防渗池设置。推进地下水污染防治试点项目，优化调整地下水污染状况调查项目建设内容，探索鄂东南地区金属矿山地下水污染评价方法。对报废矿井、钻井实施封井回填。

　　深入整治城市黑臭水体。全面开展城市黑臭水体状况摸底调查，对全省地级及以上城市开展黑臭水体排查及整治现场帮扶工作，"一水一策"反馈帮扶意见。持续加强监测监督，每季度对全省完成整治的黑臭水体开展全覆盖监测，督促巩固治理效果。截至 2020 年年底，全省各市（州）建成区达到水面无大面积漂浮物、岸边无垃圾、无违法排污口的目标；排查出的地级及以上城市 214 条黑臭水体整治率达 100%，达到市（州）及以上城市建成区黑臭水体比例控制在 10% 以内的规划要求。

　　加强船舶港口污染控制。发布《湖北省船舶生产企业生产条件基本要求及实施办法（暂行）》，推动船舶生产企业淘汰高污染船舶，向建造新能源、高附加值船舶转型，推动船舶修造企业污染防治工作。鼓励船舶修造企业建设绿色工厂和对重点制造环节进行绿色化改造。全省 100 总吨及以上船舶生活污水收集处置装置已改造完成，长江武汉、宜昌 2 座新建洗舱站基本建成并完成试验工作，汉江武汉、十堰 2 座 50 吨级溢油应急设备库已具备溢油应急处置功能，鄂州、宜昌 LNG 加气站已开工建设。组织开展了联合执法和应急演练，落实现场督查船舶防污染监管制度和联单制度，检验船舶污染事故应急预案是否具有可操作性。船舶污染物联合监管与服务信息系统（船E行）基本全覆盖，船舶污染物"船—港—城""接收—转运—处置"的多部门联合监管机制逐步建立。开展长江、汉江港口岸线清查，加快组织长江沿线8个市（州）砂石集并中心建设。全省2 855艘400总吨以上（含400总吨）的船舶全部完成达标改造。强力推进港口和船舶污染物接收转运处置设施建设，基本实现固体垃圾接收设施码头全覆盖，建立起与市政环卫设施的衔接。

防治农村水产养殖污染。出台水域滩涂养殖规划，依法科学划定禁养区、限养区和养殖区，全面取缔江河湖库天然水域围网、围栏及网箱养殖。74个县（区）完成水产养殖"三区"划定，共拆除围栏、围网、网箱养殖127.6万亩，取缔投肥（粪）养殖27.4万亩、珍珠养殖4.5万亩。开展"湖边塘""河边塘"治理，推动池塘养殖尾水治理工程。严厉打击投肥投粪养殖。新建水产生态健康养殖示范点400多处，推广"虾稻共作、稻渔种养"生态种养模式。开展增殖放流活动。

"十三五"期间，湖北省完成"千吨万人"集中式饮用水水源地划分，城市建成区214个黑臭水体完成整治，累计完成洪湖、梁子湖、长湖、斧头湖、汈汊湖退垸（田、渔）还湖244.97 km^2。

4. 针对土壤污染防治的监管

"十三五"期间，湖北省圆满完成农用地土壤污染状况详查和重点行业企业用地土壤污染状况调查工作。土壤环境质量总体保持稳定，农用地和建设用地土壤环境安全得到基本保障，受污染耕地安全利用率、污染地块安全利用率"两个90%"超额达标，土壤污染防治制度体系建设不断推进，重点行业企业用地土壤污染状况调查全面完成。

开展土壤污染状况调查、摸清土壤环境质量状况是对污染进行有针对性防治的前提。印发《湖北省土壤污染状况调查实施方案》等工作方案，初步查明农用地土壤污染的面积、分布及其对农产品质量的影响，调查土壤点位17 935个，农产品点位5 922个。编制印发《湖北省重点行业企业用地土壤污染状况调查实施方案》，完成 2 693 个地块的基础信息采集和风险筛查，确定初步采样地块 228 个，试点打通布点—采样—保存—检测分析全流程，完成全部地块土壤和地下水样品采集与检测分析工作。建成省级土壤环境信息化平台。土壤样品库建设、土壤环境信息化建设、省控土壤监测网体系建设等方面达到国内领先水平。编制土壤环境监测总体方案和国控点位布设方案，开展土壤环境质量例行监测，初步建成土壤环境监测网，实现土壤环境质量监测点位所有县（市、区）全覆盖。

结合基本农田保护要求，开展农用地土壤环境分级管理。印发实施《湖北省耕地土壤环境质量类别划分方案》，全省共 97 个县（市、区）完成耕地类别划分，建立"一图一表"分类管理清单。划定永久基本农田集中区域，落实优化空间规划布局及其他保护措施。印发《湖北省受污染耕地安全利用工作实施方案》《湖北省受污染耕地种植结构调整或退耕还林还草工作实施方案》，在轻中度污染耕地实施品种替代、水肥调控、土壤调理等安全利用措施，推进重度污染耕地种植结构调整或退耕还林还草工作，推进并完成 135 万亩受污染耕地安全利用和 14.1 万亩严格管控的目标任务。

实施建设用地准入管理。印发《重点行业企业用地调查布点采样检测分析工作方案》《重点行业企业用地土壤污染状况调查采样分析阶段省级质控工作方案》，开展调查地块 203 个。建立并公开省级建设用地土壤风险管控与修复名录 32 宗，管控污染地块再开发利用风险。推进涉镉等重金属重点行业企业污染源整治工作，建立污染源整治清单 43 家并已全部完成整治工作。省生态环境厅印发《关于加强污染地块环境监管的通知》，将 332 宗地块纳入全国污染地块土壤环境系统进行管理，按要求上传并完善了地块政策依据和矢量数据。

开展土壤修复工程示范。持续推进土壤污染防治先行先试工作，黄石市作为全国土壤污染综合防治先行区积极探索实践，总结形成了查、防、管、治、建"五位一体"的土壤污染防治"黄石模式"。实施 20 个国家土壤污染治理修复技术应用试点项目。开展受污染耕地成因排查分析，推进耕地土壤污染源头管控和安全利用。"场地土壤污染成因与治理技术"国家重点研发计划项目获批。

2.4.3 农业农村环境治理成效显著

湖北省在"十三五"期间累计建设了 1 000 个美丽乡村省级示范村、3 734 个整治村，完成了新增整治建制村任务。累计改建了无害化农村户厕 375.9 万户、农村公厕 2.97 万座，农村卫生厕所普及率达到 90.15%，超额完成了三年行动目标计划。

大力推进畜禽养殖污染防治。2016 年，全省"三区"划定工作全部完成。2017 年，禁养区内 4 764 个畜禽养殖场（户）关闭或搬迁任务全部完成。2020 年，全省畜禽粪污资源化综合利用率为 92.73%，规模养殖场粪污处理设施配套率为 99.48%，圆满完成目标任务，畜禽养殖污染治理取得阶段性成效。

加强化肥农药减量增效。2019 年，全省年测土配方施肥技术应用面积在 9 500 万亩次以上，缓控释肥、水溶肥等新肥料品种推广应用面积在 5 800 万亩以上，全省绿色防控面积达 3 053 万亩。粮棉油等主要农作物测土配方施肥技术覆盖率达到 95.77%，三大粮食作物化肥利用率达到 40.31%，化肥、农药施用量连续 7 年实现负增长。秸秆综合利用率超过 93.28%，农膜回收率达到 85%。主要农作物绿色防控覆盖率为 41.89%，主要农作物病虫害专业化统防统治覆盖率为 43.2%。

2.5 生态环境保护风险防控水平提高

"十三五"期间，湖北省环境应急管理体系不断完善，完成了 1 190 家涉危涉重化工企业、157 家重点尾矿库和全省县级以上饮用水水源地应急预案并编制备案。推进全省环境风险源调查，构建全省环境风险"一张图"。跨省界和流域上下游突发环境事件预警、应急处置联动等机制逐步完善。危险废物处置能力不断提升。新冠疫情期间，全面落实医疗废物、医疗废水产生和处理的"两个 100%"①，医疗废物处置能力从 180 t/d 提高到 667.4 t/d，实现医疗废物"零库存"、环境安全"零事故"、工作人员"零感染"。防核辐射能力稳步提高，连续十年保持辐射环境零事故。

---

① "两个 100%"，即所有医疗机构及设施环境监管与服务 100% 全覆盖，医疗废物、医疗污水及时有效收集转运和处理处置 100% 全落实。

2.5.1　完善风险防控与应急管理体系

加强风险评估与源头防控。推进环境风险分类分级管理，实施环境风险源登记与动态管理。深入开展危险废物污染防治排查治理和化学品废弃物专项整治工作。全面开展企业环境风险隐患排查工作，各地对检查中发现的问题督促相关企业迅速制定整改方案，限期整改治理，消除环境风险隐患。

开展环境健康调查监测评估工作。2016 年起，省卫生健康委每年在全部乡镇开展饮用水监测工作，在武汉市和宜昌市开展空气污染（雾霾）对人群健康影响监测工作，在 20 个项目县市、80 个乡镇、400 个项目村、2 000 户农户、200 所中小学校开展农村环境健康监测工作，在十堰市、武汉市、咸宁市及襄阳市开展公共场所环境因素对人群健康影响分析研究工作。湖北省环境与健康专项调查的预调查工作已顺利通过生态环境部验收。辖区内现有化学物质的环境和健康风险评估工作全面开展。

严格环境风险预警预案管理。印发《重污染天气应急气象服务保障预案》，建立完善重污染天气预警会商机制、信息发布机制和应急响应机制。全省县级以上饮用水水源地应急预案全部编制备案完成，实现"一源一案"。完成 1 190 家涉危涉重化工企业、157 家重点尾矿库和县级以上饮用水水源地应急预案编制备案工作，建成了生态环境应急监测网络体系。推动建立环境应急与安全生产、消防安全预案一体化的管理机制，加强有毒有害化学物质、石油化工等行业应急预案管理。以黄冈市、宜昌市为试点，先行开展危险化学品运输企业应急预案编制工作。已形成政府、部门、企业预案全覆盖，总体预案与专项预案相互配合的突发环境事件应急预案体系。

加强突发性环境事件应急处置管理。落实应急值守和"12369"热线 24 h 值班制度，累计快速妥善处置 105 起突发性环境事件。"2016 年宜昌市夷陵区暴雨致磷渣泄漏"等突发性环境事件处置工作得到生态环境部通报表扬。高质量完成丹江口库区突发性环境事件应急预案试点编修工作，入库河流实现"一河一策一图"，以"源头防控、支流拦截、清污隔离、无害化处理"为特征的"十堰样板"获得生态环境部高度肯定。

加强风险防控基础能力建设。推动建立跨区域、跨部门应急联动和污染联防联控机制,与陕西省、湖南省、河南省、江西省、重庆市签署了跨界应急联动协议。以长江干流、荆南四河为重点,建立跨界河湖水环境监测数据共享机制。参与多部门联合开展的隐患排查和监管执法行动。已建成并投入使用的市县救灾物资储备库26个,总面积达 5.3 万 m^2,储备应急救灾物资 80 余个品种,共计 112 万件。

2.5.2 加大重金属污染防治力度

推进重金属重点行业综合防控。实地考核涉镉等重金属重点行业企业 31 家,完成 44 家耕地周边涉镉等重金属重点行业企业排查整治工作。加大涉重金属行业排查力度,开展农产品产地土壤重金属污染监测及协同监测工作,推进燃煤低碳利用与重金属污染控制国家级工程技术中心建设。

建立全口径涉重金属重点行业企业清单。以重有色金属矿(含伴生矿)采选(铜、铅锌、镍钴、锡、锑和汞矿采选等)、重有色金属冶炼(铜、铅锌、镍钴、锡、锑和汞冶炼等)、铅蓄电池制造、皮革及其制品(皮革鞣制加工等)、化学原料及化学制品制造(铬盐行业、电石法聚氯乙烯行业等)、电镀六大行业为重点建立全省全口径清单,并实行动态更新。截至 2020 年年底,全省全口径清单数量达 321 家。

推进重点行业重点重金属减排工作。按照分类管理与评估原则,结合固定源排污许可制度,开展全省全口径清单企业分类统计工作,并建立涉重金属重点行业减排评估数据库,开展基础排放量、新增排放量和工程削减量核算工作,完成年度重点行业重点重金属污染物排放量控制目标完成情况评估工作。截至 2020 年年底,全省重点行业共实施减排项目 123 个,重点重金属减排达 9.8 t。全省重点重金属综合减排比例达 11.1%,已完成重点重金属污染物排放总量削减 10% 的目标。

2.5.3 提升固体废物安全处置水平

推进医疗废物安全处置工作。2016 年、2019 年、2020 年分别组织开展医疗废物专项整治工作。新冠疫情期间,紧紧围绕"两个 100%"全力做好疫情期间医疗废物环境管理和应急处置工作，迅速制定指导性政策和方案。提升医疗废物收集、运输、暂存、处置和防护 5 种能力，促进全省实现医疗废物"日产日清"。全省医疗废物处置能力从疫情前的 180 t/d 提高到 667.4 t/d，武汉市由 50 t/d 提升到 280.1 t/d，确保了医疗废物安全处置。

提升固体废物环境风险防控能力。认真贯彻国家《禁止洋垃圾入境推进固体废物进口管理制度改革实施方案》，印发《湖北省关于全面落实〈禁止洋垃圾入境推进固体废物进口管理制度改革实施方案〉2018—2020 年行动方案》，2017 年至今实现固体废物零进口。扎实开展全省固体废物大排查和"清废"专项行动，推进固体废物污染防治专项整治行动，强化固体废物规范化管理和环境监管执法，严厉打击各类固体废物"污染转移"行为，提升了全省的固体废物环境风险防控能力，出台了固体废物环境违法行为举报奖励机制等政策制度。开展了固体废物污染治理专项战役三年行动和湖北"清废行动 2018""清废行动 2019"，对查找出的问题全部督促完成整改。

提高危险废物安全处置水平。紧盯重点单位，建立危险废物产生单位、集中利用处置单位、自行利用处置单位、环境重点监管单位"四个清单"，对全省 762 家重点监管单位持续开展"双随机、一公开"监管检查。重点加强省级危险废物环境管理能力建设，强化企业自评、市州自查、交叉互查、省级抽查。完成 133 家有线视频监控企业和 784 家无线图片拍照监控企业建设，基本达到了全省危险废物经营单位和国控、省控重点产废单位监控全覆盖。湖北省危险废物监管物联网系统注册用户从 2016 年的 5 000 家增至 2020 年的 12 000 家，申报产生单位从 2016 年的 3 906 家增至 2019 年的 7 332 家。共产生省内转移电子联单约 98 万份，安全转移危险废物约 189 万 t，物联网系统与全国固体废物信息系统、省环境信息资源中心实现了接口对接，实时共享业务数据。

2016—2018 年，湖北省一般工业固体废物利用率呈逐年增加的趋势（图 2-7）。2018 年，全省一般工业固体废物产生量为 8 471.93 万 t，综合利用量为 5 598.64 万 t（其中综合利用往年贮存量为 336.72 万 t），一般工业固体废物综合利用率为 63.56%，较 2016 年提高了 7.61 个百分点。17 个重点城市中共有 13 个城市超过全省平均值，其中黄冈、恩施、仙桃、咸宁、潜江、神农架、武汉排名靠前。

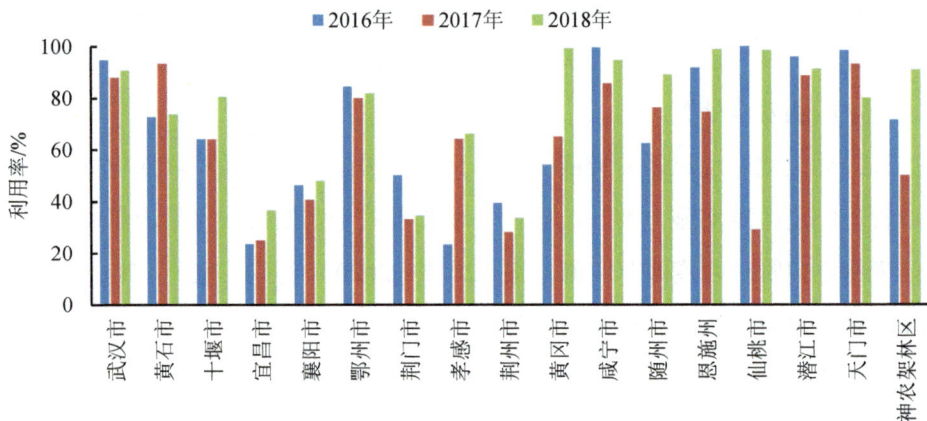

图 2-7 湖北省 2016—2018 年各地一般工业固体废物利用情况

2.5.4 提高化学物质识别防控水平

加强化学品管理能力建设。开展了全省化学品生产使用情况调查，编制了《湖北省化学品生产使用情况调查实施方案》，完成了 1 106 家化学品生产使用企业调查、100 家重点抽查企业现场复核。经调查，湖北省化学品生产总量约为 4 496.09 万 t，使用总量约为 3 858.69 万 t，涉及化学品种类数 2 124 种，涉及行业（种类）25 个。落实持久性有机污染物（POPs）统计报表制度工作，建立相关基础数据库和专业化技术支撑平台。"十三五"期间，全省二噁英类 POPs 排放量基本保持稳定，二噁英排放源企业 130 余家，排放装置数 440 余个，年排放约 140 gTEQ（毒性当量）。全氟辛基磺酸类化合物（PFOS）生产/加工企业由 2016 年的 5 家减少到 2020 年的 2 家。开展全省汞污染排放源现状调查，完成全省 POPs 污染场地环境调查、风险评估及汞污染调查等项目的验收工作。基本掌握全省化学品生产使用情况，化学品危害识别和风险评估能力初步形成，优控化学品和汞、POPs 等国际公约管制化学品环境与健康风险得到有效防控。

对高环境危害、高健康风险化学物质进行管制。落实 POPs 统计报表制度,完成全省 POPs 污染场地环境调查项目。顺利完成电子废物减排国际履约项目。通过线路板处置技术示范、电子废物回收体系建设、线路板监管物联网系统建设等活动,提升了全省电子废物环境监管能力,减少了 POPs 和持久性有毒化学品(PTS)对环境的释放量。项目执行期间,湖北省"四机一脑"(冰箱、洗衣机、空调、电视机和电脑)的回收量为 4 243 万台,规范拆解量为 4 239 万台,累计获得铜及其合金 2 425 t、铝及其合金 4410 t、黑色金属 10.9 万 t、各类废塑料 9.9 万 t 等可资源化回收利用的物资。同时,从这些废电器中得到了 3.3 万 t 资源化利用价值高的废线路板,全部处理后将得到铅 273 t、铜 4 190 t、镍 82 t。项目执行得到了生态环境部的肯定。推进 PFOS 和全氟辛基磺酰氟(PFOSF)履约示范项目。配合生态环境部开展对全省 PFOS 生产企业停产或转产活动的指导工作,确保在 2022 年以前完成湖北省 PFOS 淘汰工作。通过对 PFOS 生产企业进行环境监测和风险评估,为后续开展场地修复工作提供了数据支撑。开展了"全球环境基金-中国聚氯乙烯生产汞削减及最小化示范项目"地方履约能力建设子项目,组织开展了电石法聚氯乙烯生产企业、汞触媒生产和回收企业涉汞信息调查工作,完成了《"中国聚氯乙烯生产汞削减及最小化示范项目"湖北省涉汞信息调查报告》。

2.5.5　严格核与辐射环境监管

加强放射源安全监管。按照网格化管理要求对全省核技术利用单位进行全覆盖、全要素安全检查,实现了工作重心从审批到日常监管的转变。连续 10 年保持辐射环境零事故率,放射源应用单位辐射安全许可证持证率达到 100%,辐射建设项目的环境影响评价和"三同时"执行率达到 100%。持续开展放射源安全检查专项行动,清理环保违法违规建设项目和历史遗留项目,保证安全检查覆盖率达到 100%。对高风险移动源辐射安全问题进行监管,做到了排查覆盖率 100%;完成了 228 个辐射类建设项目的环境影响技术评估;有序推进省级高风险移动放射源在线监控平台建设项目。湖北省城市放射性废物库旧库清库及送贮工作顺利完成。第二次全国污染源普查伴生放射性矿污染源普查工作圆满完成,建立了湖北省伴生放射性矿普查名录,获取普查企业名单 465 家,经由现场检测获取初测数据的企业 441 家,布设检测点位 4 212 个,详查企业 21 家。

强化电磁辐射设施环境保护。辐射环境监测国控点由 46 个增补至 57 个,包括大气自动站、陆地、水体、土壤和电磁五大类别。国控点监测因子由 310 个增扩到 419 个,国控网有效数据获取率由 82%上升到 95%,实现所有地级行政区域监测网全覆盖,构建了监测数据资源库。建成了省级辐射实验室,面积超 3 200 m^2,通过生态环境部辐射环境监测能力实地评估,辐射环境监测能力符合率达到 100%。采取 BOT 模式建成 15 个电磁(工频/射频)辐射监测自动站,填补了省控电磁自动监测的空白,实现了电离、电磁双网自动监测省内地市全覆盖。

提升核事故应急能力。逐级落实辐射事故应急响应处置责任,建成了核应急"一案三制"框架[①]、省级核与辐射应急监测调度平台,并实现了与生态环境部的数据互通。开展了应急培训工作,督促指导市级生态环境部门编制辐射事故应急预案,规范了市级生态环境机构应急监测方法。历史遗留放射性废物安全风险基本消除,辐射环境质量继续保持良好。

2.6 生态环境治理能力继续提升

党的十八大以来,我国生态环境领域治理体系和治理能力现代化水平不断提升,生态环境保护工作发生历史性、转折性、全局性变化。针对治理能力的提升,一是要把握好"顶层设计"和"落实落地"的关系,强化党政同责、一岗双责、齐抓共管的生态环境治理体系。在顶层设计上,要坚持党对生态环境治理工作的集中统一领导,各级党委和政府要把贯彻习近平生态文明思想作为开展生态环境保护工作的重要抓手,形成中央统筹、省负总责、市县抓落实的工作机制;在落实落地上,要压实各级各部门生态环境治理责任,通过制定生态环境保护责任清单和年度重点工作任务清单,将生态环境治理工作开展情况纳入生态文明建设目标评价考核体系,

---

① 核应急"一案三制"框架中的"一案"为国家突发公共事件应急预案体系,"三制"为应急管理体制、运行机制和法制。

确保责任不落空、工作不断档。二是要把握好"行业监管"和"社会协同"的关系，形成政府主导、企业主体和公众参与的多元主体生态环境治理格局。

政府作为生态文明建设的决策者和管理者具有社会管理和公共服务的职能，在推进生态治理的制度建设和监管执行中发挥着主导作用。企业在生态环境治理中承担主体责任，要严格执行生态环境有关法律法规，践行绿色生产方式，大力开展技术创新，加大清洁生产推行力度，减少污染物排放，实现资源节约、环境友好的绿色发展目标。社会组织作为生态治理的协调者，是民众参与环境治理的重要载体，在丰富生态服务的供给方面扮演着重要角色。要促进生态治理现代化，必须加强对环保社会组织的扶持和管理，引导社会组织积极监督、有序参与环境治理。公众是环境治理的群众基础，是生态文明建设的直接参与者。要促进生态环境治理体系现代化，必须倡导简约适度、绿色低碳的生活方式。社会主体各司其职、各尽其责、相互配合、密切协作，才能形成推动生态治理的强大合力。

2.6.1 政府履职尽责进一步推进

湖北省始终坚持地方各级人民政府是规划实施的责任主体。各级党委和政府切实把环境保护放在全局工作的突出位置，担负起领导责任，把规划执行情况作为地方政府领导干部综合评价的重要内容。省生态环境厅将"十三五"环保规划确定的目标任务分解到各市（州），确定各地年度重点任务和工作目标，定期组织对重点任务和目标完成情况进行调度。加强对重点任务落实情况的督查检查，对工作落实不力和目标完成情况较差的地区综合采取专项督办、通报约谈、限批等多种方式，促进地方提升工作成效。

2016年以来，各相关部门结合自身工作职能，服务于"十三五"主要污染物总量减排工作需求，积极谋篇布局，出台政策措施，强化工作督办，全省进一步建立健全了节能减排成员单位工作联动机制。省发展改革委组织编制了湖北省能源发展"十三五"规划；省能源局、省生态环境厅等多部门联合组织开展了小热电的清理检查；省经信厅将节能环保要求作为重点内容纳入钢铁、石化、水泥行业发展规划。地方各级党委、政府将污染减排纳入重要议事日程，党政"一把手"深入环保基层调研，部署督办污染减排工作。各级人大、政协加大了对污染减排工作的检查督办和调研力度，如武汉市结合本地实际制定出台了水泥行业特别排放限值和错峰生产政策。

明确生态环境保护责任清单。各级党委和政府切实把生态环境保护放在全局工作的突出位置，落实主体责任。中共中央办公厅、国务院办公厅联合印发了《中央和国家机关有关部门生态环境保护责任清单》，省环委会印发了《湖北省委和政府机关有关部门生态环境保护责任清单》，将省级生态环境保护工作责任压实到省直机关各个职能部门。

编制自然资源资产负债表。2016 年，湖北省统计局印发了《关于以编制自然资源资产负债表促进湖北绿色发展的通知》，启动自然资源资产负债表试点工作，当年全面收集完成相关数据，鄂州、神农架、武穴和宜都 4 个试点地区的深层次试点成果为国家编制自然资源资产负债表提供了"湖北经验"。2017 年，十堰、鄂州、荆门、恩施、神农架 5 个地区作为试点地区开展了土地、林木、水和矿产资源资产账户的填报试点工作。自 2018 年开始，省统计局每年编制全省自然资源资产负债表，并积极探索自然资源资产负债表编制工作向市州拓展延伸的方法路径。

开展领导干部自然资源资产离任审计。2016 年，湖北省先行在鄂州、神农架、武穴和宜都等地开展领导干部自然资源资产离任审计试点。印发出台了《湖北省领导干部自然资源资产离任审计规定（试行）》，编制了《湖北省实施党政领导干部生态环境损害责任追究办法（试行）细则》《湖北省领导干部自然资源资产离任审计操作指南（试行）》，并要求全省各地深入开展，有力推动了全省领导干部自然资源资产离任审计工作的常态化、制度化和规范化。截至 2019 年，全省共完成领导干部自然资源资产离任（任中）审计项目 445 个，涉及领导干部 639 人。

强化环境监管能力建设。加强环境犯罪专门侦查机构力量建设，全面完成全省环境监察移动执法系统项目建设。印发了生态环保铁军建设方案，扎实开展"五大专项行动"，全省生态环保铁军建设步伐不断加快。2016 年第一批中央环境保护督察工作全面启动，湖北省将中央环境保护督察反馈问题的整改工作纳入 2017 年省委、省政府专项考核目标。2020 年，对全省 17 个市、州、直管市、神农架林区分两批进行进驻督察，实现省级督察"全覆盖"。全省以第一轮中央、省级环境保护督察和"回头看"反馈意见整改为重点，采取拉条挂账、攻坚交账、整改销号等措施，创新建立配合保障措施和细化完善督察办法等制度机制，推动解决了约 1.48 万个群众身边的"老大难"生态环境问题，整改成效全国排名前列，受到了生态环境部和中央环境保护督察办公室的充分肯定。为进一步配合中央环境保护督察工作，5 个省生态环境厅驻地方监察专员办和 15 个省驻地方监测中心完成组建并运行，全省环保监测监察垂直管理改革全面完成。"四位一体"推进第一轮中央环境保护督察及"回头看"、长江警示片和省级环境保护督察反馈问题整改，环境保护督察整改工作成效位居全国前列。

湖北省环境司法能力在"十三五"期间也得到很大发展。省高级人民法院印发了《关于加强环境资源审判工作专门化建设的通知》《关于充分发挥审判职能依法服务和保障长江经济带发展的实施意见》，推进环境资源审判机构专门化。湖北省高级人民法院及武汉、宜昌、十堰、汉江中级人民法院和武汉海事法院设立了环境资源审判庭专门审理环境资源案件；全省三级法院共设立专门环境保护合议庭 18 个，兼职合议庭 104 个，推进环境资源审判专门机构向基层延伸，全面构建环境资源司法保护体系。省执法局联合省人民检察院、省公安厅印发了《关于开展严厉打击危险废物环境违法犯罪和重点排污单位自动监测数据弄虚作假专项行动的通知》，开展了打击危险废物环境违法犯罪专项行动。湖北省司法厅建立环境污染物司法检验鉴定绿色通道。

2.6.2   环境公共服务水平持续提升

"十三五"期间，湖北省加大了对环境基础设施建设的投入力度，环境基础设施建设提档升级。城市生活污水处理厂由 121 座增至 137 座，尾水排放由一级 B 提升到一级 A 标准。新（改、扩）建乡镇污水处理厂 828 家，新增处理能力 114 万 t/d，新建主、支管网 10 260 km，基本实现乡镇污水处理设施全覆盖。垃圾无害化、减量化和资源化程度不断提高，建成生活垃圾末端处理设施 155 座，生活垃圾处理能力达到 4.97 万 t/d，焚烧处理能力（含水泥窑协同）占比达到 60%。

为加快城镇污水处理设施建设和改造，湖北省政府出台《关于全面推进乡镇生活污水治理工作的意见》，省级财政安排 300 亿元政府专项债券强力推进。印发实施《湖北省城镇污水处理提质增效行动实施方案》，累计完成 131 家县城以上生活污水处理厂提标改造。落实《湖北省"十三五"城镇污水处理及再生利用设施建设规划》，140 个国家级重点城镇建成集中式污水处理设施，城市、县城、乡镇污水处理率分别达到 95.8%、90.1%、80%。

全面加强配套管网建设。科学制定城市排水管网排查方案，湖北省已累计排查干、支污水管网近 10 000 km，结合老旧小区改造排查城镇小区、单位大院等内部排水管网约 11 600 km。排查整治污水直排（混排）口 719 个，消除城中村、城乡接合部污水管网覆盖空白区 67 km²。沿江地级及以上城市生活污水直排口已基本消除，生活污水收集处理设施空白区基本实现污水干管全覆盖。

推进污泥处理处置。省生态环境厅、省住建厅联合印发《关于进一步加强全省污水处理厂污泥处理处置工作的通知》，指导全省规范落实污泥转移联单制度，强化污泥产生到处置全过程监管工作。宜昌、武汉等城市积极推进城镇污水处理厂污泥第三方治理国家试点和建筑垃圾综合利用制度。

推进城镇生活垃圾处理工作。建成生活垃圾末端处理设施 155 座，生活垃圾日处理能力达 4.93 万 t。建成垃圾压缩中转站 1 987 座，所有乡镇基本具备生活垃圾收运能力。23 344 个行政村按照"五有"标准[①]全部实施了农村垃圾治理工作。663 个非正规垃圾堆放点已全部完成整治。基本形成从生活垃圾产生到终端处理全过程的城乡一体、全域覆盖的链条式管理体系，城市（含县城）生活垃圾无害化处理率达到 100%，建制镇生活垃圾无害化处理率达到 97.41%。

提高城镇生活垃圾处理设施运营水平。印发《关于加强乡镇生活污水处理设施运营维护管理工作的通知》，组织编制《湖北省城乡生活垃圾治理运营管理规范》，健全垃圾处理运营管理台账制度。对不达标的处理设施进行督办、改造升级。已完成城市水体蓝线范围内的非正规垃圾堆放点整治，实现沿江城镇垃圾全收集、全处

---

① "五有"标准即有完备的设施设备、有成熟的治理技术、有稳定的保洁队伍、有完善的监管制度、有长效的资金保障。

理。加强焚烧处理工艺类项目监管，强制安装自动监测系统和超标报警装置，妥善集中处置焚烧产生的炉渣和飞灰。

2.6.3　环境科技创新能力不断激发

加快重点领域关键技术研发。组织召开长江保护修复攻坚战科技需求座谈会，就各地生态环境面临的突出问题和困难进行调研。与中国科学院水生生物研究所、长江科学院等省内科研院所就长江大保护开展深入交流。持续深入推进武汉、咸宁、黄石、十堰等 10 个沿江城市长江生态环境保护修复驻点跟踪研究。修订《湖北省科学技术奖励办法实施细则》，将生态效益相关指标纳入科技成果奖励评价机制中并在多处予以突出和强调，形成了一批生态环境保护技术示范推广的项目。

加快技术成果转化和推广应用。推广卫星遥感、红外识别、无人机、大数据等新技术应用。加快研发和生产水、大气污染治理关键技术和装备。加快固体废物焚烧处置、废旧电池回收再利用、新一代可降解生物材料等装备和产品的推广应用。推进废弃资源综合利用，扎实开展废弃电器等电子产品拆解处理基金补贴审核。增补《首台（套）重大技术装备推广应用指导目录》，推动首台（套）重大技术装备示范应用。组织推荐了绿色制造、智能制造、工业强基等国家工业转型升级重大专项。与生态环境部对外合作中心共建了"环保技术国际智汇平台"省级合作基地。推荐华中科技大学和湖北省生态环境科学研究院成功申报国家环境保护燃煤低碳利用与重金属污染控制工程技术中心，推荐武汉科技大学申请国家环境保护矿冶资源利用与污染控制重点实验室。组织相关研究机构和企业与韩国环保产业协会、以色列水务技术公司召开大气污染物减排技术说明会和水务技术对接会，为了解掌握相关国家污染治理水平搭建平台。制定《促进科技成果转化实施细则》，加大科技成果转化投入力度，省创业投资引导基金参股子基金投资金额累计达 6.06 亿元。在生态环境保护领域建成 7 个国家重点实验室、23 个省级重点实验室和 81 家省级以上工程技术研究中心。支持在鄂高校及科研院所开展生态环境保护技术研究，支持开展理论研究超过 30 项。

在信息化建设方面,完成湖北省环保业务专网升级扩容和省级环境信息资源中心建设,全力推进长江大保护数字化治理智慧平台项目建设。做好"一网通办""互联网+放管服""互联网+监管"等技术工作,推进"数字政府"建设。抓好门户网站、微信公众号、综合信息平台等内外网门户和新媒体建设及运维工作,推动湖北省环境数字化管理较大提升。

各类环保科研项目的实施和技术转化为打好污染防治攻坚战提供了技术支撑,为湖北省环境质量改善、环境突出问题的解决提供了科学依据。按照时效性、前瞻性、创新性原则,主要聚焦在重大发展战略、环境难点热点问题和环保前瞻前沿课题等方面,积极组织全省各高校、科研院所和环保企业开展申报工作。全面完成污染源普查工作目标任务,发布了《湖北省第二次全国污染源普查公报》,污染源普查工作得到了生态环境部、国家普查办的充分肯定,68 个集体和 261 名个人被国家通报表扬。

2.6.4　经济调节手段不断完善

发挥环境保护税政策引导作用。为贯彻落实《中华人民共和国环境保护税法》和《中华人民共和国环境保护税法实施条例》,积极发挥环境保护税促进治污、减排的正向激励作用,2018 年湖北省制定发布了《湖北省环境保护税征收管理实施办法》,明确了湖北省环境保护税征收管理实行"企业申报、税务征收、环保协作、信息共享、依法监管"的征管模式;同年,还发布了《湖北省环境保护税核定征收管理办法》,进一步规范湖北省环境保护税的核定征收管理工作。2019 年,湖北省环境保护税收入达 7.72 亿元,同比增长 75.7%。与此同时,湖北省大力推进资源税改革,磷矿石资源税从价定率征收改革试点工作正式启动。

加快资源环境价格改革。调整了设市城市和县城、重点建制镇的污水处理费标准,稳步推进农业水价综合改革,所有县(市)均建立居民阶梯水价制度,所有天然气通气城市均建立居民阶梯气价制度,钢铁、水泥、电解铝企业继续执行国家相关规定的差别电价、阶梯电价加价标准。省生态环境厅、省物价局根据考核结果及时落实环保电价补贴政策,按月调度燃煤电厂超低排放改造项目建设进度,按季度核算燃煤电厂环保电价和超低排放改造奖励电价情况。省财政厅累计在中央农机购置补贴中切块安排资金 0.7 亿元，支持各地开展秸秆综合利用，促进大气污染防治工作的开展。

促进排污权交易。早在 2006 年，湖北省就率先在全国提出建立排污权交易所，经过十几年的实践摸索先后出台了一系列用于指导排污权有偿使用和交易工作的政策文件（表 2-3），其中至今具有法律效力的管理性文件共 7 项、技术性文件共 5 项，初步形成了基于政府宏观决策、以减排成本为参考、以市场为主导的交易价格机制，成立了专门的排污权交易机构——湖北环境资源交易中心，开发了排污权电子交易平台，基本构建了较为完善的排污权有偿使用和交易制度体系。省生态环境厅出台了《湖北省主要污染物排污权有偿使用和交易办法》《湖北省排污权出让收入管理办法（试行）》《湖北省生态环境厅关于深化排污权交易试点工作的通知》等规范性文件，基本完成了现有重点排污单位排污权核定，开展了排污权抵押贷款试点，建成了排污权交易管理平台与交易平台。2019 年 9 月，为进一步深化排污权交易试点工作，省生态环境厅印发了《关于深化排污权交易试点工作的通知》，对排污权交易范围、方式、价格等进行规定和补充完善。襄阳市推进排污权交易改革富余排放量上线交易，得到生态环境部的高度肯定。

表 2-3　湖北省排污权有偿使用和交易政策文件

序号	文件	文号	印发单位
1	《关于进一步加快湖北产权市场建设的意见》	鄂政发〔2011〕42 号	湖北省人民政府
2	《湖北省建设项目主要污染物排放总量控制管理暂行办法》	鄂环发〔2011〕53 号	原湖北省环保厅
3	《湖北省主要污染物排污权交易办法实施细则》	鄂环办〔2014〕277 号	原湖北省环保厅
4	《湖北省主要污染物排污权有偿使用和交易办法》	鄂政办发〔2016〕96 号	湖北省人民政府
5	《湖北省排污权出让收入管理办法（试行）》	鄂财综发〔2016〕33 号	湖北省财政厅 湖北省物价局 原湖北省环保厅

序号	文件	文号	印发单位
6	《湖北省主要污染物排污权有偿使用和交易工作实施方案（2017—2020 年）》	鄂环发〔2017〕19 号	原湖北省环保厅
7	《关于深化排污权交易试点工作的通知》	鄂环发〔2019〕19 号	湖北省生态环境厅
8	《关于排污权交易基价及有关问题的复函》	鄂价环资规函〔2011〕137 号	湖北省物价局 湖北省财政厅
9	《关于新增排污权交易种类基价及有关问题的复函》	鄂价环资规函〔2012〕74 号	湖北省物价局 湖北省财政厅
10	《关于排污权交易手续服务费收费标准及有关问题的复函》	鄂价环资规〔2013〕115 号	湖北省物价局
11	《湖北省主要污染物排污权电子竞价交易规则（试行）》	鄂环办〔2014〕276 号	原湖北省环保厅
12	《湖北省主要污染物排污权核定实施细则（暂行）》	鄂环办〔2015〕278 号	原湖北省环保厅

加快市场主体培育。鼓励各级各部门向社会检测机构购买检测服务，支持社会检测机构发展。自 2017 年起，省生态环境厅通过政府购买服务的方式实行大气污染防治第三方核查，聘请专业机构对全省大气污染防治年度重点工作任务落实情况开展现场抽查。全省充分发挥地方政府债券资金的作用，安排专项债券用于长江大保护、"厕所革命"和乡镇污水处理设施建设等生态环境重点领域。发挥财政资金的放大效应，通过推广 PPP 模式等方式，吸引、鼓励社会资本参与长江经济带生态保护修复。

发展绿色金融。湖北省绿色金融发展始终走在前列，在绿色信贷、绿色债券、绿色保险和绿色基金等领域不断探索，以促进全社会可持续发展。2018 年 7 月，人民银行武汉分行联合省政府金融办、湖北银监局、湖北证监局、湖北保监局出台了《关于创新绿色金融支持长江经济带绿色发展的实施意见》，建立金融支持体系，加大金融产品和金融市场创新力度，完善信贷、债券、保险等金融工具和服务手段，加强和改进绿色金融服务，推进长江经济带生态保护与绿色发展。2018 年 8 月，湖北省发布长江经济带绿色发展十大战略性举措，提出构建具有湖北特色的绿色金融体系。在绿色信贷方面，湖北省政府及银行业利用绿色信贷加大对生态环境领域高技术项目的金融支持力度，持续退出"两高一剩"①产业，促进全省绿色产业发展。截至 2018 年 6 月底，中国邮政储蓄银行湖北省分行长江经济带建设项目中绿色信贷项目共计 22 个，贷款余额增长 42%。在绿色债券方面，2019 年 1—2 月，长江经济带的湖北、浙江、安徽三省共 5 家企业的绿色债券发行规模达 63.7 亿元，占当年已获批发行总规模的三分天下。此外，湖北相关金融机构积极探索发行"长江经济带水资源保护"专题绿色金融债券等多种绿色债券，用于生态环境综合治理等方面的项目建设。在绿色保险方面，湖北省是首批环境污染责任险试点地区之一，并且从 2014 年 7 月起，正式对涉重企业实行环境污染强制责任保险。2015—2020 年，全省环境污染责任保险累计签单 1 545 笔，签单保费 6 520.77 万元，累计提供风险保障 100.26 亿元。2016 年 11 月，全国首单"碳保险"认购协议在湖北签署，2018 年 3 月《荆门市生态环境保护条例》规定建立环境污染责任保险制度，标志着环境污染责任保险在全国非省会地市级城市率先立法。在绿色基金方面，湖北已发展碳交易股权投资基金、绿色产业基金等绿色基金产品，其中基于省域和全国性核证自愿减排量项目（CCER）的股权投资基金规模达 10 亿元。

2.6.5　公众参与进一步加强

湖北省在全国率先设立了环境保护政府奖，共评选了 44 个获奖集体和 42 位获奖个人。大力宣传 12 个国家生态文明建设示范市县和 3 个"绿水青山就是金山银山"实践创新基地的创建经验和典型模式。深入开展"美丽中国，我是行动者"主题实践活动，成功推选 4 名志愿者当选全国百名最美生态环境志愿者。积极开展绿色年度人物、中国生态文明奖推选，武汉绿色江城环保服务中心、劲牌有限公司获得 2018—2019 绿色中国年度人物提名奖。持续开展绿色学校、绿色社区（家庭）等绿色创建行动。通过树立典型、表彰先进，弘扬绿色发展理念，推动全社会积极参与生态文明建设。开展全民生态环境教育活动，推行世界环境日、地球日、生物

---

① "两高一剩"："两高"行业指高污染、高能耗的资源型行业；"一剩"行业即产能过剩行业，指供给量与总需求量相比出现过剩的行业。

多样性日、湿地日、水日、爱鸟周、植树节等主题活动。

为提高全民生态文明意识,湖北省环委会发布《湖北省公民绿色生活行为倡议》,倡导绿色生活方式。各地各部门党员干部带头践行爱护自然、崇尚节约的绿色生活方式,动员引导社会各界贯彻落实党中央、国务院关于生态文明建设和环境保护的部署要求,激发全社会保护自然资源和生态环境的热情,主动履行生态环境保护义务,为生态文明建设奠定坚实的社会、群众基础。

广泛开展以提高全民生态文明意识为重要内容的社会宣传教育活动,组织召开以"坚持生态优先推动绿色发展""长江大保护十大标志性战役政策解读"等为主题的新闻发布会 33 场、在线访谈 29 期。组建"美丽中国"宣讲队。省商务厅与相关部门联合印发了《关于开展"推广公筷公勺共享健康生活"文明用餐行动的通知》《全省健康饮食倡导行动工作方案》《湖北省制止餐饮浪费行业规范(试行)》。加大宣传教育力度,在中央电视台、《人民日报》、《中国环境报》、《湖北日报》、湖北卫视等主流媒体优质资源平台刊发相关报道 2 300 余篇。2016 年开通"湖北环保"官方微博(已更名为"湖北生态环境"),全省生态环境局均开通新浪微博和微信官方账号,并以"生态环境部"微博、微信公众号为核心,构建起省、市联动的"两微"矩阵。

不断拓宽宣传教育和参与途径。2017 年起,以全省高校社团"与绿同行"环保微公益创意大赛为载体,扶持本土高校环保社团健康有序发展,共评选出 97 个优秀环保宣教项目。不断强化青少年环境教育力度,组织开展湖北青少年环保使者聘选、湖北大学生绿植领养等生态环保活动。组织中小学生参加全国水科技、国际环境小记者项目新闻作品、自然笔记大赛等环保比赛。组织开展绿色社区环保图书角活动和全省中小学环境教育社会实践基地申报评审工作。全省累计创建 162 个省级绿色社区、458 个省级绿色学校、45 个国际生态学校绿旗荣誉学校、6 个国家级和 11 个省级"中小学环境教育社会实践基地"。

为保障社会公众环保知情权、参与权和监督权,在全国率先开展环保设施向社会公众开放工作,以环境监测、生活污水、生活垃圾和危险电子废弃物 4 类环保设施向社会开放观摩,已接待公众逾 5 万人。修订和完善《湖北省自然资源和生态环境违法行为举报暂行办法》《湖北省环境信访管理办法》等制度。先后开通了"12369"环保热线、湖北省阳光信访工作平台、全国环保信访信息系统、"12369"环保举报管理平台。全省环保信访工作已就信、访、网、电等全部信访事项形成"网上受理、网下办理、网上回复"的新模式。全省共受理生态环境信访约 21.32 万件。环境信访工作机制改革实践成果被《中国环境报》、生态环境部网站等媒体专栏宣传报道。鼓励社会组织对污染环境、破坏生态的行为，依法参与环境公益诉讼。积极扩宽信息收集、发布渠道，主动加强信息公开工作，积极推行环境公益诉讼。开展了"长江流域生态保护公益诉讼专项行动"，以长江流域水资源、森林、草场、湿地、岸线资源及生物多样性保护为重点，着重办理涉及饮用水水源地、黑臭水体污染治理、长江干线非法码头、河道非法采砂、沿江化工企业违法排污等突出违法情形案件。

3

『十四五』时期湖北省生态环境保护形势分析

"十四五"时期是我国全面建成社会主义现代化强国新征程的重要开端,将向"立足新发展阶段,坚定不移贯彻创新、协调、绿色、开放、共享的新发展理念,加快构建以国内大循环为主体、国内国际双循环相互促进的新发展格局"的方向全面深刻转型。国家着力构建与高质量发展相匹配的高水平生态环境保护格局,明确了"十四五"时期的生态环境保护工作要锚定 2035 年美丽中国建设目标,落实碳达峰、碳中和目标愿景,以推动减污降碳协同增效为总要求,从推进绿色发展、积极应对气候变化、持续改善环境质量、加强生态保护监管、防范环境风险、推进治理体系和治理能力现代化 6 个方面谋划重点目标和任务,为建设人与自然和谐共生的现代化、建设美丽中国开好局、起好步。

在美丽中国建设总目标的引领下,更加强调从根本上保护生态系统功能性和完整性,协调生态环境保护与经济发展、资源利用的关系,树立自然价值理念,确保生态系统健康和可持续发展的优先地位。国家《"十四五"生态环境保护规划》就如何实现这一目标给出了方向性指导。远大目标的实现需要通过具体制度的建设对目标进行分解、细化并与实际对接,从过去的注重要素保护修复转变为注重系统保护修复,从过去面向结果的工程型治理转变为面向源头的管控型治理,将山水林田湖草沙生命共同体的系统服务功能提升为价值导向的环境管理。这些新的发展要求,对湖北省的生态环境保护工作来说既是机遇,也是挑战。

3.1 面向美丽湖北建设形势

"十三五"时期是我国生态环境质量改善最大的五年,我国的生态文明建设取得了举世瞩目的伟大成就,生态保护的理念实现了从跟随到引领的历史性飞跃,生态治理体系实现了由粗放到严密的历史性转变,自然生态保护实现了由弱到强的历史性跨越,生态状况实现了由局部改善到总体改善的历史性转折。"十四五"时期我国进入新发展阶段,开启了全面建设社会主义现代化国家新征程。深入贯彻新发展理念,加快构建新发展格局,推动高质量发展,创造高品质生活,都对加强生态文明建设、加快推动绿色低碳发展提出了新的要求。

3.1.1　高质量发展理念的指导

发展是解决我国一切问题的基础和关键。着眼于中华民族永续发展,党的十八大报告正式提出"努力建设美丽中国,实现中华民族永续发展"。在党的十八届五中全会上,"美丽中国"被纳入《中华人民共和国国民经济和社会发展第十三个五年规划纲要》。党的十九大报告指出,加快生态文明体制改革,建设美丽中国。党的十九届五中全会强调,"推动绿色发展,促进人与自然和谐共生",再次将建设美丽中国作为"十四五"和 2035 年远景目标。可以看出,以习近平同志为核心的党中央高度重视生态文明建设与生态环境保护工作,着力创新发展理念,将生态文明建设纳入"五位一体"总体布局。新发展理念、生态文明被写入宪法,"增强绿水青山就是金山银山的意识"等被写入党章,在"五位一体"总体布局、新时代坚持和发展中国特色社会主义基本方略、新发展理念中,生态文明建设的地位更加凸显,力度之大前所未有。美丽中国建设目标是党中央着眼民族未来的长远大计,体现了我国生态环境保护政策的连续性、稳定性。

高质量发展是"十四五"乃至更长时期我国经济社会发展的主题,关系我国社会主义现代化建设全局。高质量发展不仅是一个经济要求,而且是对经济社会发展方方面面的总要求;不是只对经济发达地区的要求,而是所有地区发展都必须贯彻的要求;不是一时一事的要求,而是必须长期坚持的要求。随着中国特色社会主义进入新时代,我国社会主要矛盾已经转化为人民日益增长的美好生活需要和不平衡不充分的发展之间的矛盾。人民日益增长的美好生活需要不仅包括人民对物质文化生活的更高要求,而且包括人民在民主、法治、公平、正义、安全、环境等方面日益增长的新要求。与之相对应,发展的重点也由物质生产拓展到包括经济、政治、文化、社会、生态文明在内的"五位一体"的发展。生态环境与经济发展的关系也就是"绿水青山"和"金山银山"的关系。绿色发展本身就是高质量发展的重要组成部分,经济发展了,人们对青山碧水、蓝天白云、鸟语花香的优美生态环境需求更加迫切,谁都不想"屋里现代化、屋外脏乱差";另外,高质量发展不是传统意义上的高污染、高消耗、高排放的发展,而是要求以资源节约、环境友好的方式来实现经济的可持续发展，绿色发展完全符合这一本质要求。

湖北省委、省政府高度重视生态环境保护工作，大力实施"生态立省"战略，生态环境保护已成为全省各级党委、政府的中心工作。党的十八大以来，湖北省出台了《关于大力推进绿色发展的决定》《关于大力推进长江经济带生态保护和绿色发展的决定》等文件，为生态环境保护工作的深入开展提供了良好的政策条件；全省经济实力稳步提升，绿色发展持续推进，生态环境保护投入逐渐加大，为持续推进生态环境保护工作提供了雄厚的物质基础；湖泊保护、水污染防治、大气污染防治、土壤污染防治等地方性法规已发布，国家和地方性生态环境法规的逐步完善为生态环境保护奠定了更加坚实的法规保障；汉江水污染物排放标准及印刷工业、玻璃行业等重点行业大气污染物排放标准已经发布，一系列新标准的实施为推进环境质量的改善提供了有力的标准支持；绿色发展理念深入人心，公众参与生态环境保护的意愿不断增强，生态环境保护大格局基本形成，环境治理合力不断增强，为生态环境保护奠定了社会基础。

3.1.2 "双碳"目标加速发展转型

习近平主席向世界做出了实现碳达峰、碳中和的庄严承诺，标志着生态环境保护进入了以降碳为重点的新时期。作为一场广泛而深刻的经济社会系统性变革，碳达峰和碳中和行动将深入推进生产生活方式的全面绿色转型，有利于从源头上减少不合理的发展方式造成的生态环境问题，实现减污降碳协同增效。积极推进"双碳"工作是贯彻习近平生态文明思想和绿色发展理念的更高要求，也是湖北省实现高质量发展的应有之义。

湖北是能源消费大省，也是输入大省，对外依存度高达 85%，化石能源自给率不足 4%，在缺煤少油乏气的背景下，煤炭仍然是全省主体能源，水电资源开发已超过 95%，三峡水电 80% 以上调出。与此同时，新能源汽车产能占比低于全国平均水平，氢能还处于起步阶段，规模推广的难度仍很大。加快能源结构转型、促进湖北经济绿色发展既具有战略长期性，又具有现实紧迫性，应坚持先立后破，以立为先，稳住煤、油、气供给基本盘。发挥煤炭兜底保供作用，加大外购煤、油、气力度，确保主体能源有效供给。提高煤炭清洁高效利用水平，大力改造落后产能，严控煤炭消费增长。推动煤改气、煤改电，有序推进煤电机组节能降碳改造。

2021 年，湖北省委十一届九次全会审议通过了《中共湖北省委　湖北省人民政府关于新时代推动湖北高质量发展加快建成中部地区崛起重要战略支点的实施意见》，提出要落实碳达峰、碳中和目标要求。《湖北省生态环境保护"十四五"规划》指出，要深入开展碳达峰行动，积极应对气候变化。湖北省坚持"绿水青山就是金山银山"，共抓大保护、不搞大开发，实施"生态立省"战略。大力开展近零碳排放示范区建设，发展循环经济、低碳经济，培育壮大节能环保、清洁能源产业。2021 年 7 月 16 日，全球最大规模的碳市场——全国碳排放权交易市场开市，该市场两大系统之一的全国碳排放权注册登记系统设在湖北（交易系统设在上海）。截至 2021 年 12 月 22 日，湖北碳市场配额共成交 3.65 亿 t，成交总额 86.51 亿元，总开户数、市场履约率等指标全国领先。绿色发展的良好成就及省委、省政府的政策支持为湖北省推进"双碳"工作奠定了坚实基础。

3.1.3　战略发展定位进一步明确

习近平总书记指出"湖北三个没有根本改变"，即"湖北经济长期向好的基本面没有改变，多年积累的综合优势没有改变，在国家和区域发展中的重要地位没有改变"。党中央出台一揽子政策支持湖北省疫后重振，增强了湖北省做好疫后重振生态环境保护工作的信心和决心。《中共中央　国务院关于新时代推动中部地区高质量发展的意见》明确提出，要支持湖北省加强生态保护、推动绿色发展，在长江经济带建设中发挥更大的作用。《长江经济带发展规划纲要》深入实施，《汉江生态经济带发展规划》得到国务院批复，《中华人民共和国长江保护法》印发实施，全国碳排放权注册登记结算系统落户湖北，这些均增强了湖北生态环境保护工作的保障。

长江大保护战略、汉江生态经济带发展等国家战略深入推进，将从根本上改善长江生态环境状况，对于建设湖北省生态廊道、筑牢生态安全屏障具有重要意义，为改善生态环境质量提供了有力抓手。全省"一芯两带三区"区域和产业发展布局的深入实施将推动经济发展方式和经济发展布局的优化调整，将有利于从源头缓解经济社会发展对生态环境造成的压力，有利于推进湖北省经济社会发展与生态环境保护的协同共进。湖北是农业大省，农业农村环境质量改善是突出短板，随着乡村振兴战略深入推进实施，乡村生态振兴的力度将不断加大，这将有助于补齐这一突出短板。

3.1.4　公众参与度不断提升

"十四五"是建设美丽中国的基础期。随着生态文明建设的不断推进，绿色发展理念深入人心，社会公众对生态文明建设的认知度越来越高，其最大可接受风险水平、可忽略风险水平逐步降低，对良好生态产品的需求越来越强烈，参与生态环境保护的意愿越来越高涨，从过去"盼温饱""求生存"到现在"盼环保""求生态"，人民群众希望喝上干净的水，呼吸上新鲜的空气，吃上放心的食物，生活在天蓝、地绿、水净的美好家园，良好的生态环境已成为全面建成小康社会的重要民生关切。公众参与、社会监管共治成为生态环境保护的新态势，社会各界积极践行生态文明理念，自觉保护生态环境、监督破坏生态环境的不良行为，共同营造了良好的社会氛围。

总体来看，"十四五"时期湖北省生态环境保护的机遇大于挑战，处于大有可为的战略机遇期。要深刻认识"双循环"背景下国家对生态环境保护的新要求和湖北省发展环境面临的新变化，坚持方向不变、力度不减，聚焦突出问题，充分发挥生态环境保护的引领和倒逼作用，全力推进绿色低碳发展，深入打好污染防治攻坚战，开启美丽湖北建设新征程。

3.2　面临的问题与挑战

"十三五"时期湖北省的发展极不平凡，污染防治攻坚和汛情防控统筹推进，生态环境保护工作取得的成绩来之不易。在总结成绩的同时，必须清醒地认识到湖北省经济社会整体进入换挡期,生态环境质量从量变到质变的拐点还未到来,巩固治理成效难度较大。生态环境保护工作面临的形势依然复杂,结构性、质量性、制度性等深层次问题短期内难以解决,由生态大省向生态强省转变的任务艰巨,生态环境保护工作任重道远。

3.2.1　绿色低碳发展水平有待进一步提升

影响生态环境的结构性问题依然突出。当前,部分区域短时间难以摆脱传统发展的路径依赖,湖北省仍存在产业层次不高、产业结构偏"重"偏化工、能源结构偏"煤"、绿色经济增长点不突出的问题。

一是产业结构偏"重"。2019 年,湖北省第二产业占地区生产总值的比重为41.7%(高于全国 2.7 个百分点),第三产业占比 50%(低于全国 3.9 个百分点)。2017—2019 年,湖北省规模以上工业总产值中重工业占比分别为 66.4%、65.4%、65.6%,重化工业仍然占工业的主导地位。全省六大高耗能行业占规模以上工业增加值的比重"不降反升",由 2015 年的 26.8%提高到 2019 年的 29.3%。

二是能源结构偏"煤"。2019 年,全省规模以上工业能源消费量为 15 019.74 万 t标准煤,较 2016 年增加 7.6%,其中原煤消费量达到 8 718.65 万 t,较 2016 年增加了 17.29%。全省资源能源消耗型重化工业比重偏大,2019 年化学原料和化学品制造、黑色金属冶炼和压延加工、非金属矿物制品 3 个行业原煤消费量占制造业总原煤消费量的比例达 88.35%。传统化石能源占能源消费总量的比重维持在 50%以上。全省风能、光能资源条件不优,清洁能源增量有限。2019 年,全省天然气生产量为 1.07 亿 m^3,风力发电量为 73.83 亿 kW·h、太阳能发电量为 56.76 亿 kW·h,分别仅占全国的 0.6%、1.82%、2.53%(图 3-1),煤炭的主体能源地位短期内难以改变。

三是交通运输结构偏"公"。2019 年,湖北省公路货运量占比约为 76.3%,较 2015 年增加了约 2.1 个百分点,高于全国平均水平约 3.4 个百分点(图 3-2)。

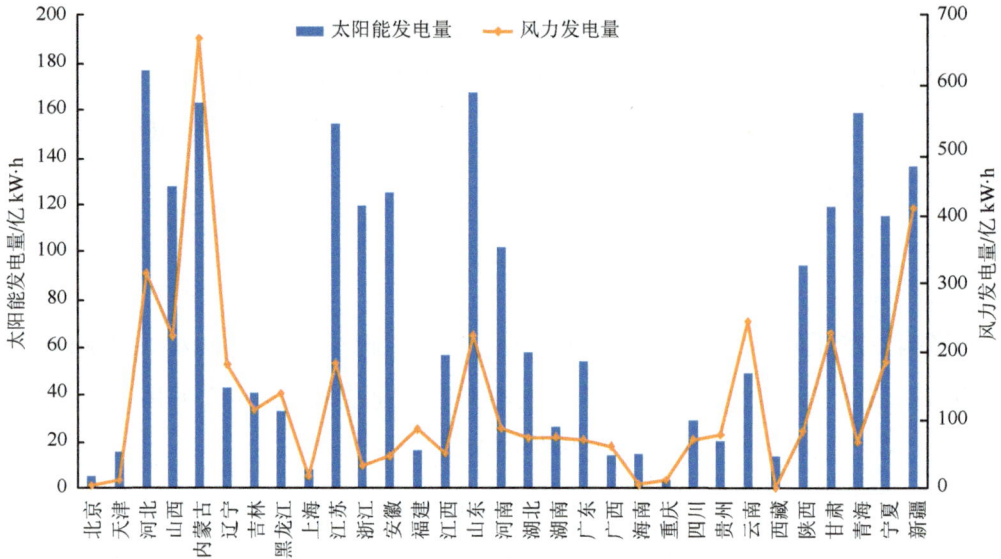

图 3-1　2019 年全国分地区太阳能发电量和风力发电量

数据来源：《中国能源统计年鉴 2020》。

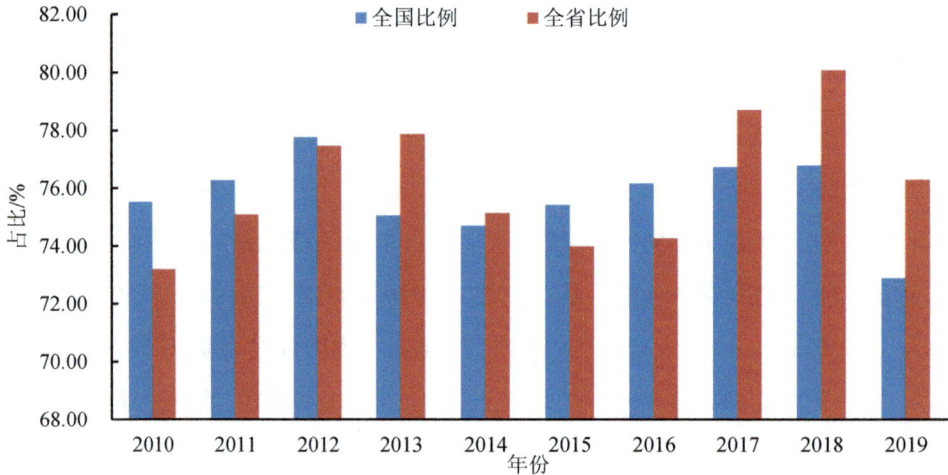

图 3-2　2010—2019 年全国和湖北省货运量公路运输占比对比

　　污染物排放强度仍处于高位。2015—2018 年，湖北省废水排放总量分别为
313 785 万 t、274 787 万 t、272 694 万 t、269 605 万 t，虽然总量在逐年下降，但仍

然处于高位（高于 26 亿 t）。根据第二次全国污染源普查结果，2017 年湖北省化学需氧量排放量为 128.66 万 t、氨氮排放量为 5.82 万 t、总氮排放量为 18.11 万 t、总磷排放量为 2.14 万 t，分别居全国第 5 位、第 6 位、第 5 位、第 4 位；污染物排放强度也较高，化学需氧量、氨氮、总氮、总磷排放强度（2017 年排放总量/2017 年地区生产总值）分别居全国第 15 位、第 6 位、第 5 位、第 4 位，分别是全国平均水平的 1.41 倍、1.79 倍、1.77 倍、2.02 倍。此外，新冠疫情对湖北省经济社会发展造成较大冲击。"十四五"期间，总量减排仍然是促进环境质量持续改善的重要抓手。在多年总量控制和减排工程的推进下，湖北省部分领域的减排潜力已有限；受疫情影响，企业面临资金、生产和常态化疫情防控等多重压力，减排空间不足。经济的低速增长给碳排放达峰行动带来不利影响。同时，为促进经济快速恢复，各地会在短期内集中布局一批新的项目，新增总量也给减排带来较大压力。

3.2.2　生态环境质量改善任务仍然艰巨

环境空气质量改善目标保稳定、促改善压力较大。环境空气质量改善成效不稳固，稍有松懈就可能出现污染反复。全省 13 个纳入国家考核城市的空气质量大部分都未达到二级标准，重污染天气时有发生，继 2016 年、2017 年连续下降后，2018 年全省重污染天数较 2017 年有所增加，2019 年全省 17 个重点城市累计重污染天数较 2018 年多 3 天。2019 年，全省环境空气质量优良天数比例为 77.7%，较 2015 年（71.6%）提升 6.1 个百分点，较 2018 年（82.2%）下降 4.5 个百分点。纳入国家考核范围的 13 个城市的环境空气质量优良天数比例为 76.0%，较 2018 年（80.9%）下降 4.9 个百分点，较 2015 年（70.3%）上升 5.7 个百分点。臭氧（O_3）污染等新型环境问题日益突出，成为仅次于 $PM_{2.5}$ 的影响优良天数的主要污染物。武汉城市圈 O_3 连片污染问题尤为突出，O_3 污染在空间分布上呈"西扩"趋势；恩施地区 O_3 污染逐步凸显，O_3 源解析和防控措施仍需强化。在污染传输通道的影响下，空气质量改善压力加大。北方污染气团主要通过"华北平原—江汉平原输送通道""西北高地向湖北东南部的输送通道""东部传输通道"影响湖北省的空气环境质量。以"襄荆荆宜"传输通道为例，冬季发生重污染天气的过程中，外部区域输送对湖北省 $PM_{2.5}$

的平均贡献率约为 42%，最大贡献率可达 66%。2019 年 12 月的数据显示，受外部区域传输影响，襄阳市、荆门市、宜昌市、荆州市的 $PM_{2.5}$ 浓度分别为 97 μg/m³、93 μg/m³、91 μg/m³、69 μg/m³，分别高出全省均值 49.2%、43.1%、40%、6.2%，极大地影响了湖北省环境空气质量的整体水平。

完成水质改善目标任务依然艰巨。全省国家考核断面中劣Ⅴ类断面仍未全部消除，部分已达标断面水质仍然时有反复。2019 年主要河流的 179 个断面中，Ⅰ～Ⅲ类水质断面占 91.1%（Ⅰ类占 8.4%、Ⅱ类占 59.8%、Ⅲ类占 22.9%），Ⅳ类占 6.1%，Ⅴ类占 1.7%，劣Ⅴ类占 1.1%。丹江口入库支流神定河、泗河水质仍为劣Ⅴ类。汉江支流 47 个监测断面中，Ⅴ类占 4.2%，劣Ⅴ类占 4.3%，其中神定河、泗河水质污染严重。部分河流，如荆门市竹皮河，作为城区生产、生活废水唯一排放通道，虽经过 20 多年的治理，但水质仅能消除劣Ⅴ类且不能稳定达标。浰河流域所在"胡双磷地区"（胡集镇、双河镇、磷矿镇）是荆门市重要的磷化工基地，受总磷指标影响，水质连续数年为劣Ⅴ类。地市建成区黑臭水体尚未完全消除。全省主要湖泊总体水质为轻度污染，湖泊水质优良比例较低，主要湖泊、水库的 32 个水域中，Ⅰ～Ⅲ类水域占 53.1%（Ⅰ类占 6.2%、Ⅱ类占 21.9%、Ⅲ类占 25.0%），Ⅳ类占 25.0%，Ⅴ类占 21.9%。5 个国控湖泊水域（洪湖、斧头湖武汉水域、斧头湖咸宁水域、梁子湖鄂州水域、梁子湖武汉水域）中，近年来仅梁子湖鄂州水域达到标准要求，其余水域短期内达标难度极大。部分河流生态基流难以保障，江湖阻隔、水生态系统失衡、生物多样性衰退等问题不同程度存在，汉江中下游水华事件时有发生。

土壤污染防治基础工作十分薄弱。土壤污染详查工作尚未完成，土壤环境质量底数不清，制约了土壤污染防控与治理修复工作的推进，土壤污染治理的标准和技术体系相对滞后，有关治理技术还在摸索试点推进中，土壤环境监管能力相对较弱。地下水污染防治还处于探索阶段。全省重点行业企业地块、超标地块、高风险地块数量多且分布较集中，黄石市传统冶炼企业聚集区、武汉市历史工业企业聚集区和宜昌市沿江化工企业聚集区为湖北省重点行业企业重点区域，当地企业持续性生产给周边土壤和地下水带来的环境污染风险较大。农业源对主要水污染物排放总量的贡献率较高,农业农村面源污染治理短板突出,农村生活污水治理基础还十分薄弱。

环境风险防范面临压力较大。环境污染事件偶有发生,长江危险化学品运输事故隐患和船舶溢油风险较大,生态环境风险形势依然严峻。沿江化工企业关改搬转后遗留地块的生态修复任务艰巨,重点化工园区和重点化工企业环境风险预警体系建设还不完善。南水北调工程实施后,汉江中下游干流水量减少,水环境稀释自净能力下降,流域性"水华"发生风险持续存在。备用水源地建设较为滞后,荆州、鄂州、黄冈、襄阳等地市尚未建设除长江、汉江以外的备用水源地,风险预警防控体系还比较薄弱,突发性水环境事件风险突出。危险废物及一般固体废物的处置和综合利用能力不足、区域布点不优、相关体系不完善等问题依然存在。应急物资储备有待加强。核技术应用领域日趋多元化,电磁辐射环境日趋复杂,核与辐射安全风险防范难度不断增加。

生态保护修复任务压力较大。公众对生态环境质量的敏感度越来越高,优良生态产品供给离人民群众对美好生态环境的期盼和向往还有很大差距。长江、汉江流域湖北段岸线、自然保护区的违法违规侵占现象依然存在,巩固非法采砂、非法捕捞、非法码头整治成果压力依然较大。生物多样性保护形势严峻,废弃矿区、破损山体多,森林抚育任务重,生态修复难度大。

3.2.3　生态环境保护不平衡问题突出

区域生态环境质量差异较大。全省不同地区、不同领域处于生态环境保护的不同阶段,环境质量存在较大差距,全省生态环境状况呈现"东西高,中部低"的空间格局,十堰、恩施、咸宁、黄冈等地的生态环境质量是全省"高值区",面临的主要环境问题也各不相同。以大气主要污染物浓度为例,$PM_{2.5}$高值区主要集中在襄阳市城区、荆门市城区、宜昌市城区、松滋市及武汉市中心城区等地,其中襄阳市城区(襄州区)为最高。O_3的空间分布特征与$PM_{2.5}$表现出较大的差异性,高值区域主要集中在鄂东的武汉、咸宁、黄冈等地,武汉及其周边城市的O_3连片污染问题凸显。有些地区前期工作基础好、环境本底好、历史负担轻,环境质量改善压力较小;有些地区、有些领域环境治理基础薄弱,工作难度较大,环境质量改善的任务艰巨。全省广大农村地区还普遍存在人居环境"脏乱差"、面源污染严重等问题。区域之间、城乡之间生态环境差距较大,不平衡问题突出。

区域绿色发展水平差异较大。如何实现经济发展与环境保护"双赢"是湖北省面临的核心问题,当前及将来很长一段时间内生态环境保护不充分问题都将是全省面临的突出问题。东部和中部地区工业污染物排放量较高;西部地区在"绿水青山"向"金山银山"转化实践路径上的探索还不够,生态经济化和产业生态化的规模还不够,经济体量较小;中部地区在如何摆脱传统发展路径依赖,优化发展方式,实现减排、治污、扩容,推进经济高质量发展上还存在较大困难。全省各地区绿色发展水平的差距较大,如 2019 年荆州市、天门市、鄂州市的单位地区生产总值用水量分别为 150 m³/万元、143 m³/万元、140 m³/万元,远高于全省平均水平(66 m³/万元)及其他地区,鄂州市、黄石市万元工业增加值用水量分别为 241 m³/万元、149 m³/万元,远高于全省平均水平(57 m³/万元)及其他地区(图 3-3)。此外,全省生态文明示范区创建水平也呈现明显的"西高东低"的空间格局。

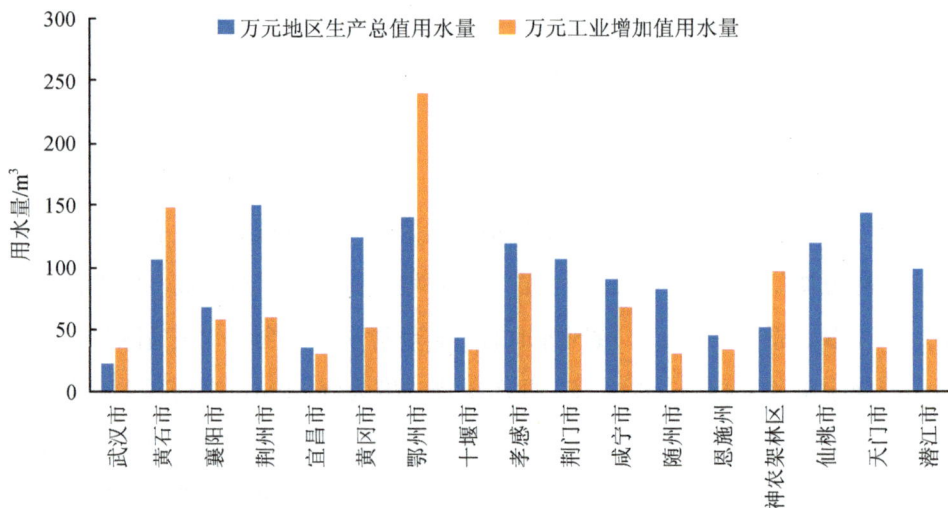

图 3-3　2019 年湖北省各市(州)水耗情况

3.2.4　生态环境治理体系建设与现代化要求还有差距

在环境基础设施方面，老城区普遍存在雨污合流、管网老化、收集系统不完善等问题，部分城区污水处理厂负荷超量溢流，需进行提标扩能或管网改造，调试期间污水直排或超标排放现象普遍。部分工业园区污水管网不完善，污水集中处理设施不能稳定运行。全省大部分乡镇污水处理厂尚未完全发挥效益，污水收集管网运行维护及处理设施运行管理还面临较大压力。"十四五"时期，全省在市（州）层面全面推进生活垃圾分类，对生活垃圾分类系统和处理设施建设有更高的要求。全省广大农村地区的污水、垃圾等环境基础设施明显不足，农村生活污水和生活垃圾仍未得到有效的收集处理。

在环境监测与监管方面，现代化生态环境监测网络体系还不健全，大气、水、土壤等环境要素的监测覆盖面和精细度还不够，如当前全省环境空气质量监测只覆盖到县（市）城区，水环境监测断面只覆盖到大江大河和重点湖泊水库等，空气监测点位主要集中在县市的中心城区，导致环境保护与治理的精准性不够，难以真正根据各区域、各领域的实际生态环境问题"精准施策"和"分类施策"，制约了环境治理效率，难以支撑"十四五"时期实现环境质量进一步改善的现实需要。全省生态环境数据碎片化问题突出，省、市、县综合大数据平台尚未形成，部门数据信息共享机制尚未建立，生态监测和环境健康监测评估能力薄弱。环境决策与治理的科学化、精细化、信息化水平亟待提高。生态环境保护区域联防联控、部门协商机制有待进一步完善，部门协调共治能力有待加强。多方参与的生态环境保护责任尚不明晰，适应新形势的"条块结合"的生态环境保护督察体系还不健全。基层生态环境执法力量薄弱，监管能力难以满足生态环境保护精细化管理要求。

在对市场机制的运用方面，生态产品价值实现机制、绿色金融等多元化、市场化生态保护补偿和利益协调机制还不完善，共融共荣的生态环境投入回报机制尚未形成。生态环境治理投入不足且渠道单一，社会约束机制有待强化，以绿色消费为导向的消费升级尚需政策引导，赋权民众参与生态文明建设的政策不活。经济发展与生态环境保护需要进一步协调发展。

3.3　工作思路

"十四五"时期生态环境保护工作要以习近平新时代中国特色社会主义思想为指导,认真贯彻党的十九大和十九届二中、三中、四中、五中全会精神,深入落实习近平生态文明思想,按照党中央、国务院决策部署,围绕美丽中国建设战略节点,准确把握立足新发展阶段、贯彻新发展理念、构建新发展格局对生态环境保护提出的新任务新要求,坚持以改善生态环境质量为核心,坚持系统观念,把实现减污降碳协同效应作为总要求,牢牢把握精准治污、科学治污、依法治污的工作方针,深入打好污染防治攻坚战,加快推动绿色低碳发展,持续改善生态环境质量,推进生态环境治理体系和治理能力现代化,为开启全面建设社会主义现代化国家新征程奠定坚实的生态环境基础。

"十四五"时期生态环境保护要以实现生态环境质量进一步改善为核心目标,聚焦生态环境保护不平衡、不充分、不精准的问题,坚持治标与治本相结合,注重解决湖北省生态环境保护工作中深层次的矛盾和困难,创新监管和治理体系、方法、手段,统筹开展空间管控、绿色发展、污染治理、生态保护与修复、环境科技支撑各项工作,实现系统治理。综合考虑湖北省生态环境保护现阶段的特点和"十四五"期间经济社会发展趋势,"十四五"时期生态环境保护总体目标为到 2025 年,主要污染物排放总量进一步减少,环境治理成效逐步稳固,绿色发展水平进一步提升,生态系统稳定性显著增强,人居环境明显改善,环境和人群健康风险得到有效管控,环境管理体系、环境监管机制和行政执法体制进一步完善,生态环境治理能力明显提升,生态环境质量持续改善,为 2035 年远景目标的实现打下坚实基础。

3.3.1　坚持减污降碳协同,推进绿色高质量发展

生态环境保护的成败归根结底取决于经济结构和经济发展方式,高质量发展必须以绿色发展为导向。习近平主席向世界作出了碳达峰、碳中和的庄严承诺,标志着生态环境保护进入了以降碳为重点的新时期。"十四五"期间,湖北省需要加强

碳排放和大气污染物排放协同控制，积极推进重点领域、重点区域低碳发展，推进减污降碳协同治理。

一是坚持落实新发展理念，围绕绿色低碳产业创新能力发展需求，借助长江新城建设契机，加强相关部门协作、实行重点领域协同，在武汉市建设长江国际低碳产业园区，打造低碳产业体系，推动部分地区和重点行业开展二氧化碳排放达峰行动。加快高端低碳技术的研发、孵化、储备及转移。培育一批低碳产业重大项目、重点企业。依托碳排放登记结算（武汉）有限责任公司，大力发展碳金融、非金融类碳交易服务，培育低碳新兴服务业。加强适应气候变化基础能力建设，增强适应气候变化能力。开展近零碳排放区、气候投融资试点等低碳试点示范建设。对接绿色"一带一路"倡议、湖北自贸试验区建设，推动建设"一带一路"低碳大数据平台、"一带一路"低碳技术交易中心、气候变化南南合作培训基地等国际合作平台。

二是以降碳为总抓手，贯彻绿色发展理念，进一步优化全省产业结构和布局。积极协调、深度参与推进乡村振兴和农业现代化、加快调整优化产业和能源结构等重大发展战略实施，促进低碳循环发展的经济体系逐步健全，以推进生态环境质量持续改善为契机，加快传统产业改造升级，推动化解落后和过剩产能。继续推进工业园区生态化改造。加快发展以产业生态化和生态产业化为主体的生态经济体系。大力发展循环经济和再制造产业。积极发展节能环保技术、装备、服务等产业，进一步提升环保产业对经济发展的贡献度，打造经济增长新动能与新亮点。完善强制性清洁生产审核制度，加大对清洁生产实施主体的激励和支持力度，推进清洁生产取得实效。

三是坚持能源消费总量与强度"双控"，强化重点区域煤炭消费总量控制，建设清洁低碳能源体系，推进新建项目实行煤炭减量替代。进一步提高煤炭等传统化石能源的清洁高效利用水平，积极推广使用洁净煤。加大商品煤质量监管和散煤销售监管力度。积极推广利用清洁能源。加快推进实施天然气"县县通"工程和"气化乡镇"工程，提高天然气通达能力。大力发展利用可再生能源。大力开发、推广节能高效技术和产品，健全能源计量体系，提高能源利用效率。

四是加强生态文明建设宣传与教育，深入开展节能、节水行动。不断完善城市公共交通体系，倡导、鼓励绿色出行。加强绿色包装、绿色配送、绿色回收、绿色智能等绿色物流体系建设，大力发展绿色物流。大力开展绿色家庭、绿色社区、绿色学校等绿色示范创建，促进全社会共同参与的绿色行动体系逐步完善，协同推动经济高质量发展和生态环境高水平保护。

3.3.2 坚持"三个治污"总方针，深入打好污染防治攻坚战

2019 年年底召开的中央经济工作会议强调，要打好污染防治攻坚战，坚持方向不变、力度不减，突出精准治污、科学治污、依法治污，推动生态环境质量持续好转。国务院提出，在"十四五"时期要深入打好污染防治攻坚战。坚持以人民为中心的发展思想，立足新发展阶段，完整准确全面贯彻新发展理念，构建新发展格局，以实现减污降碳协同增效为总抓手，以改善生态环境质量为核心，以精准治污、科学治污、依法治污为工作方针，统筹污染治理、生态保护、应对气候变化，保持力度、延伸深度、拓宽广度，以更高标准打好蓝天、碧水、净土保卫战，以高水平保护推动高质量发展、创造高品质生活，努力建设人与自然和谐共生的美丽中国。

一是坚持精准治污。认真分析影响生态环境质量改善的主要矛盾和矛盾的主要方面，按照环境污染的时空分布特点实施分时段、分区域管控，紧盯问题突出的重点区域流域并加强治理，准确识别污染严重的行业企业和工艺，对症下药、靶向治疗，做到问题精准、时间精准、区位精准、对象精准和措施精准。

"十四五"期间，湖北省需要加强重点领域、重点行业、重点城市的大气污染防治。大力开展工业污染源减排治理，继续在重点城市、重点行业实施特别排放限值。火电、钢铁、焦化、工业涂装等仍然是大气污染治理的重点行业，$PM_{2.5}$、O_3 污染防治、汽车尾气排放、扬尘综合管控等是大气污染治理的重点问题。在水污染防治方面，重点是促进重点流域断面水质稳定达标，巩固地级以上城市黑臭水体治理成果。推进长江、汉江、清江等重点流域系统治理，促进重点流域断面水质稳定达标；加强小流域治理，逐步消除劣 V 类水体；加强城市内湖及水域治理，推进黑臭水体治理向县城及农村地区全覆盖；持续深入开展集中式饮用水水源专项整治行动，推进

乡镇和农村地区集中式饮用水水源地保护区规范化建设，有效保障饮用水安全。在土壤污染防治方面，建立全省土壤分级分类管控体系。落实《湖北省土壤污染防治行动计划工作方案》要求，实施建设用地、农用地、未利用地差异化管控。持续推进土壤污染治理与修复试点示范工程建设，推广黄石市土壤污染综合防治先行区试点经验。动态建立全省土壤修复重点项目库，推进重点区域土壤治理与修复。在固体废物污染防治方面，全面推进垃圾分类收集处理，到 2025 年设区城市基本建成城乡生活垃圾分类处理系统；直管市、神农架林区的农村生活垃圾分类覆盖率不低于 60%；县（市）建成区和农村生活垃圾分类覆盖率不低于 50%。严格落实固体废物进口管理制度。以尾矿库为重点，加强重点领域固体废物污染防治。

精准防污的落实还体现为对企业的差别化监管。根据实际情况将企业分为 3 类：对于守法意识强、管理规范、记录良好的企业，减少监管频次，做到无事不扰；对于群众投诉反映强烈、违法违规频次高的企业，加密执法监管频次，依法惩处违法者；对于主观希望治理但能力不足的企业，重点加强帮扶指导。

二是坚持科学治污。科学技术是解决环境问题的利器，环境治理要讲究科学性。湖北省"十四五"期间要加强重点领域的科技攻关，加快长江驻点修复科技成果的转化运用，探索驻点研究模式在大气、土壤、地下水、农业农村面源污染防治等方面的运用。充分调动企业在技术创新方面的活力，加快关键环保技术的研发和重大研究成果的转化应用，带动生态环境产业革新。

三是坚持依法治污。准确把握"三个治污"，要害在精准，关键在科学，路径在依法。在依法治污方面，坚持依法行政、依法推进、依法保护，以法律的武器治理环境污染，用法治的力量保护生态环境。在法律实施过程中，加强对地方的指导督促和帮扶，更加注重创新工作方式方法，因时、因势、因事、因地调整工作着力点和应对举措，提升生态环境管理的精细化水平，做到精准发力、科学施治、依法推动，努力在环境效益、经济效益和社会效益多重目标中寻求动态平衡。

从"坚决打好"到"深入打好"意味着污染防治攻坚战触及的矛盾和问题层次更深、领域更广、要求更高。减污与降碳、城市与农村、PM$_{2.5}$ 和 O$_3$、水环境治理与水生态保护、新污染物治理与传统污染物防治等工作交织，问题更加复杂，难度和挑战前所未有。

3.3.3 坚持系统治理，强化生态保护修复

推动绿色发展，促进人与自然和谐共生要坚持"绿水青山就是金山银山"理念，深入实施可持续发展战略，完善生态文明领域统筹协调机制，促进经济社会发展全面绿色转型，加快推动绿色低碳发展，持续改善环境质量，提升生态系统质量和稳定性，全面提高资源利用效率。湖北省生态环境保护的结构性、根源性、趋势性压力总体上尚未根本缓解，现阶段生态环境的改善总体上还是中低水平的改善，稳中向好的基础还不稳固，从量变到质变的历史拐点还未到来。"十四五"时期，全省生态环境保护工作坚持以改善生态环境质量为核心，在巩固污染防治攻坚战取得成效的基础上，围绕生态环境保护不平衡不充分的主要矛盾，强化全局性谋划和整体性推进，优化国土空间开发保护格局，积极推进山水林田湖草沙生态系统的综合管理，依托长江大保护统筹实施重大生态系统保护和修复工程，着力解决生态系统保护与治理中的重点难点问题。

在国土空间优化方面，加快推进"三线一单"落地。按照《生态保护红线勘界定标技术规程》（环办生态〔2019〕49号），2021年前完成了全省生态保护红线勘界定标，同步建立全省生态保护红线监管信息平台。制定《湖北省生态保护红线管理办法（试行）》，建立生态保护红线评价考核机制，完善生态监测评估与预警体系。加强生态保护红线监管执法，定期开展生态保护红线保护成效考核，将考核结果纳入生态文明建设目标评价考核体系。以"三线一单"为基础，实施分区管控，加强"三线一单"在城镇建设、资源开发、产业布局等活动中的约束作用，促进区域经济社会发展与资源环境承载力相协调。建立健全"三线一单"成果实施评估和监管机制。

在生态修复方面，坚持把保护和修复长江生态放在首要位置，以长江干流、主要支流、重点湖库为重点，按照"两手发力、三水共治、四源齐控、五江共建"的系统思路，深入推进长江生态环境保护与修复。以宜昌、荆门为重点，加强长江流域"三磷"综合整治。持续开展长江干流岸线保护和利用专项整治，进一步提高长

江干流自然岸线保有率，提升岸线生态功能。持续实施长江两岸造林绿化等工程。开展人工增殖放流行动，加大长江水生生物重要栖息地保护力度。推进以长江、汉江、清江等主要流域和三峡库区、丹江口库区、神农架林区、大别山区等重要生态功能区的生态保护修复工作。持续开展水土流失治理、矿山生态修复工程、石漠化综合治理、生物多样性保护等工程。

在自然保护地方面，建设全省各类各级自然保护地"天空地一体化"监测网络体系。组织对自然保护地管理进行科学评估，加强评估考核结果的运用。制定自然保护地生态环境监督办法，严格执法监督。持续开展"绿盾"行动，加大对各类自然保护地违法行为的查处力度，遏制各类建设活动对自然保护区及生物多样性的破坏。加快提升生物安全管理水平，积极配合落实《全国人民代表大会常务委员会关于全面禁止非法野生动物交易、革除滥食野生动物陋习、切实保障人民群众生命健康安全的决定》。持续深化生态文明建设示范区和"绿水青山就是金山银山"实践创新基地建设、管理和评估。

3.3.4　坚持改革创新，构建现代环境治理体系

深化推进生态文明体制改革，完善生态文明领域统筹协调机制，着力建设现代环境体系，推动形成导向清晰、决策科学、执行有力、激励有效、多元参与、良性互动的"大环保"格局。

一是响应环境保护管理精细化要求，以提升环境监测能力为核心，加强大气、水、土壤、噪声、生态、农村环境质量、城市黑臭水体等环境监测网络建设，补齐薄弱环节和县级监测短板。加快构建符合湖北省特点的地下水监测体系，布设地下水监测网络，加强地下水监测能力建设。完善全省污染源监测信息管理平台，构建天地一体、上下协同、信息共享的生态环境监测网络。加强环境监测质量管理和质量控制，加强环境监测信息公开。持续开展全省监测专业技术人员大比武活动，加强监测队伍能力建设。

二是夯实包含污染源、风险源、敏感目标、各类保护区、功能区空间边界等的环境空间数据基础。加强生态环境数据的集成，推动信息资源整合互联和数据开放

共享，建设并逐步完善"湖北省生态环境大数据云平台"，提高信息化管理水平。加大数据安全保障力度。推进大数据建设和应用，加强生态环境大数据在环境质量变化及趋势预测、污染溯源与治理效果、环境影响评价、生态环境保护与经济社会发展的耦合协同等方面的研究。进一步完善湖北省环境决策支持系统，提升其对于环境要素的有效管理、综合评价、溯源分析及预测预警能力，为制定有效、有力、科学的管理决策提供支持。

三是按照主体功能区定位和环境功能分区实施差异化的环境管理策略。深入贯彻落实《关于进一步深化生态环境监管服务推动经济高质量发展的意见》（环综合〔2019〕74号），加快推进生态环境系统"互联网+监管"系统建设，推动建立政府部门间、跨区域间协查、联查和信息共享机制。依托在线监控、卫星遥感、无人机、移动执法等科技手段，优化非现场检查方式，建立完善风险预警模型，推行热点网格预警机制，提高监督执法的精准性。

四是落实生态环境损害赔偿制度，健全生态环境监测评价制度。积极推进生态环境领域法律法规制修订工作，建立完善生态环境保护综合行政执法体制，严厉打击环境违法行为。深入推进"放管服"改革，研究推进相关改革举措制度化，深入推进"互联网+政务服务"，构建"一站式"办事平台，加快实施生态环境领域"不见面"审批改革，进一步压缩环境影响评价等许可事项办理时间。创新监管方式，加大事中事后监管力度，推进环境污染第三方治理，加强对第三方污染治理监管。加强生态环境科技创新与成果转化，推进现代感知手段和大数据运用，不断提高监管水平。

湖北省"十四五"生态环境保护的总体思路可以归纳为"一降一减""两改善""四提升"。"一降一减"是指碳排放强度降低，污染物排放总量持续减少；"两改善"是指生态环境质量持续改善、人居环境进一步改善；"四提升"是指提升绿色低碳发展水平、提升空间格局优化和资源利用水平、提升环境风险防控水平、提升环境治理体系和治理能力现代化水平。

4

『十四五』时期湖北省生态环境保护规划指标体系

规划和政策中的指标设置是对不同领域在一定发展时期的目标衡量。科学合理的指标体系是生态环境保护规划的重要组成,既是对生态环境状况进行综合评价的依据和标准,又是确定规划目标、编制环境保护规划的基础和前提。纵观历年来的国家五年环保规划,其指标均根据经济社会发展与环境治理阶段的不同而进行相应的制定与调整。"十四五"生态环境保护规划的目标设置需要在全面打赢污染防治攻坚战的基础上,为实现生态环境质量持续改善、生态系统稳定性显著增强、环境风险有效管控、环境治理体系和能力全面提升、最终为社会经济高质量发展与生态环境高水平保护打下坚实基础而服务。

4.1 演进历程

随着环境保护现实需求的变化,我国的环境保护规划经历了探索起步、研究尝试、逐步发展、深化提高、全面铺开 5 个阶段,体现在环境指标构成上则表现出分类更加细化的趋势,同时环境指标与环境保护工作重点挂钩的趋势也越来越强。

4.1.1 国家层面环境保护指标的发展

"六五"以前,国家环境保护并未制定单独的计划或规划,而是作为国民经济与社会经济发展计划的专章。"七五"时期首次独立印发了《"七五"时期国家环境保护计划》,环境保护五年规划成为国民经济与发展计划的重要组成部分。"六五""七五""八五"这 3 个时期的环境保护计划指标主要是环境质量指标和环境管理指标,体现的是污染控制特点;"九五"环境保护计划第一次提出了总量控制指标;"十五"环境保护计划则是按领域突出总量-质量的指标结构。从"八五"到"十五"时期,环境保护主要指标基本上由 6 个部分组成,结构比较相近。在这 3 个五年环境保护计划中,始终保留着工业污染防治和城市环境保护指标。"八五"到"十五"时期分别有 19 项、25 项、2 项工业污染防治指标,以及 12 项、15 项、8 项城市环境保护指标。"十一五"环境保护规划只保留了总量控制指标和环境质量指标这两大类。环境规划指标数量总体呈先增长后下降的变化趋势,反映出环境保护规划从微观走向宏观的发展方向。据初步统计，"八五"时期共有 65 项环境保护指标，"九五"时期共有 69 项环境保护指标，"十五"时期共有 155 项环境保护指标，"十一五"仅有 5 项环境保护指标。

从"十一五"时期开始，环境保护计划变为环境保护规划。"十一五"期间，国家将主要污染物排放总量显著减少作为经济社会发展的约束性指标，着力解决突出环境问题。国务院于 2007 年印发实施的《国家环境保护"十一五"规划》明确提出，要将污染防治作为重中之重，地方各级人民政府要把环境保护目标、任务、措施和重点工程项目纳入本地区经济和社会发展规划。"十一五"环境保护规划的总体目标设定为"到 2010 年，二氧化硫和化学需氧量排放得到控制，重点地区和城市的环境质量有所改善，生态环境恶化趋势基本遏制，确保核与辐射环境安全"。为完成上述目标，规划共设置了 5 项主要环保指标（表 4-1），包括总量控制、水环境质量和大气环境质量三个方面，呈现出以主要污染物总量控制为主线、以改善环境质量为目的的特点。

表 4-1 国家"十一五"时期环境保护规划主要指标

序号	指标
1	化学需氧量排放总量/万 t
2	二氧化硫排放总量/万 t
3	地表水国控断面劣Ⅴ类水质的比例/%
4	七大水系国控断面好于Ⅲ类的比例/%
5	重点城市空气质量好于二级标准的天数超过 292 天的比例/%

2011 年，国务院印发实施《国家环境保护"十二五"规划》，设定的目标为到 2015 年，主要污染物排放总量显著减少；城乡饮用水水源地环境安全得到有效保障，水质大幅提高；重金属污染得到有效控制，POPs、危险化学品、危险废物等污染防治成效明显；城镇环境基础设施建设和运行水平得到提升；生态环境恶化趋势得到扭转；核与辐射安全监管能力明显增强，核与辐射安全水平进一步提

高;环境监管体系得到健全。规划共设置了 7 项指标(表 4-2),与"十一五"环境保护规划相比,继续强化总量减排,总量控制指标在原有的化学需氧量和二氧化硫的基础上增加了氨氮排放总量和氮氧化物排放总量;同时,将重点城市空气质量好于二级标准的天数超过 292 天的比例调整为地级以上城市空气质量达到二级标准以上的比例。

表 4-2　国家"十二五"时期环境保护规划主要指标

序号	指标
1	化学需氧量排放总量/万 t
2	氨氮排放总量/万 t
3	二氧化硫排放总量/万 t
4	氮氧化物排放总量/万 t
5	地表水国控断面劣Ⅴ类水质的比例/%
6	七大水系国控断面水质好于Ⅲ类的比例/%
7	地级以上城市空气质量达到二级标准以上的比例/%

"十一五"和"十二五"期间,国家仅将主要污染物排放总量显著减少作为经济社会发展的约束性指标。党的十八大以来,党中央、国务院把生态文明建设和生态环境保护摆在更加重要的战略位置。2016 年,国务院批准印发实施《"十三五"生态环境保护规划》,确定了"十三五"期间生态环境保护的总体思路以改善环境质量为核心,以解决生态环境领域突出问题为重点,全力打好补齐生态环境短板的攻坚战和持久战,确保 2020 年实现生态环境质量总体改善的目标。规划设置的总体目标是到 2020 年生态环境质量总体改善:生产和生活方式绿色、低碳水平上升,主要污染物排放总量大幅减少,环境风险得到有效控制,生物多样性下降势头得到基本控制,生态系统稳定性明显增强,生态安全屏障基本形成,生态环境领域国家治理体系和治理能力现代化取得重大进展,生态文明建设水平与全面建成小康社会目标相适应。

在具体指标上，《"十三五"生态环境保护规划》确立了生态环境质量、污染物排放总量、生态保护修复三大领域10类共26项主要指标，覆盖了空气、水、土壤、生态四大要素领域，在指标数量上远超《国家环境保护"十二五"规划》，且首次纳入了生态和土壤指标（表4-3）。2015年11月，党的十八届五中全会提出了"生态环境质量总体改善"的全面小康社会环境目标，提出将$PM_{2.5}$等环境质量指标纳入约束性控制。《"十三五"生态环境保护规划》将26项指标中的12项具体指标确定为约束性指标，在指标体系设计上尤其注重把握环境的"好""差"两个方面，反映全面建成小康社会环境目标的底线要求，让社会公众有环境质量改善切切实实的获得感。如"空气质量优良天数比例"大于80%和"重度及以上污染天数比例"下降25%，又如"地表水达到或好于Ⅲ类水体比例"超过70%和"地表水劣Ⅴ类水体比例"不超过5%。这一方面体现了全面建成小康社会环境质量总体改善、总体较好的水平要求，另一方面将人民群众身边的环境问题和反映强烈的重污染天气、污染地块等问题纳入指标体系，呼应了人民群众的迫切诉求。

表4-3　国家"十三五"时期生态环境保护规划主要指标

指标		属性
生态环境质量		
1. 空气质量	地级及以上城市空气质量优良天数比例/%	约束性
	$PM_{2.5}$未达标地级及以上城市浓度下降率/%	约束性
	地级及以上城市重度及以上污染天数比例下降率/%	预期性
2. 水环境质量	地表水质量达到或好于Ⅲ类水体比例/%	约束性
	地表水质量劣Ⅴ类水体比例/%	约束性
	重要江河湖泊水功能区水质达标率/%	预期性
	地下水质量极差比例/%	预期性
	近岸海域水质优良（一、二类）比例/%	预期性
3. 土壤环境质量	受污染耕地安全利用率/%	约束性
	污染地块安全利用率/%	约束性

指标		属性
4. 生态状况	森林覆盖率/%	约束性
	森林蓄积量/亿 m³	约束性
	湿地保有量/亿亩	预期性
	草原综合植被覆盖度/%	预期性
	重点生态功能区所属县域生态环境状况指数	预期性
污染物排放总量		
5. 主要污染物排放总量减少/%	化学需氧量	约束性
	氨氮	约束性
	二氧化硫	约束性
	氮氧化物	约束性
6. 区域性污染物排放总量减少/%	重点地区重点行业挥发性有机物	预期性
	重点地区总氮	预期性
	重点地区总磷	预期性
生态保护修复		
7. 国家重点保护野生动植物保护率/%		预期性
8. 全国自然岸线保有率/%		预期性
9. 新增沙化土地治理面积/万 km²		预期性
10. 新增水土流失治理面积/万 km²		预期性

4.1.2 湖北省环境保护指标的发展

湖北省环境保护指标发展情况与国家层面的环境保护指标情况发展脉络基本相同。《湖北省环境保护"十一五"规划》共设置了 22 项指标,包括环境质量、总量控制、污染防治、环境管理能力 4 个方面;《湖北省环境保护"十二五"规划纲要》设置了 25 项指标,包括环境质量、总量控制、污染防治、生态建设、城镇环境基础设施、环境安全保障、环境管理能力 7 个方面;《湖北省环境保护"十三五"规划》设置了 25 项指标,包括绿色发展、环境质量、环境风险、生态保护 4 个方面(表 4-4)。

表 4-4　湖北省历次环保五年规划指标层级及指标数量

规划	指标层级	指标数量
《湖北省环境保护"十一五"规划》	环境质量、总量控制、污染防治、环境管理能力	22 项
《湖北省环境保护"十二五"规划纲要》	环境质量、总量控制、污染防治、生态建设、城镇环境基础设施、环境安全保障、环境管理能力	25 项
《湖北省环境保护"十三五"规划》	绿色发展、环境质量、环境风险、生态保护	25 项

　　2008 年，湖北省人民政府印发实施《湖北省环境保护"十一五"规划》，提出到 2010 年全省重点流域和城市环境质量有所改善，农村环境质量保持稳定，主要污染物排放总量得到有效控制，重点行业污染物排放强度明显下降，基本遏制生态恶化的趋势，部分地区有所好转，环境监管能力明显提高。同时，在《国家环境保护"十一五"规划》指标的基础上设置了环境质量、总量控制、污染防治和环境管理能力四大类共 22 项指标（表 4-5）。其中，化学需氧量、二氧化硫排放总量、空气质量好于二级标准天数超过 292 天的重点城市数量与《国家环境保护"十一五"规划》基本一致，结合湖北省实际，将"七大水系国控断面好于Ⅲ类的比例"调整为"地表河流省控断面达Ⅲ类水质的比例"，未将地表水国控断面劣Ⅴ类水质的比例纳入指标体系。

表 4-5　《湖北省环境保护"十一五"规划》指标体系

序号	指标
	一、环境质量指标
1	重点城市集中式饮用水水源地水质达标率/%
2	地表河流省控断面达Ⅲ类水质的比例/%
3	汉江流域规划控制断面水质达标率/%
4	空气质量好于二级标准天数超过 292 天的重点城市数量（个）
5	重点城市区域环境噪声小于 55 dB（A）的比例/%
6	有健全管理机构的自然保护区比例/%

序号	指标
二、总量控制指标	
7	化学需氧量排放量/万 t（国控指标）
8	氨氮排放量/万 t
9	二氧化硫排放量/万 t（国控指标）
10	烟尘排放量/万 t
11	工业粉尘排放量/万 t
12	固体废物排放量/万 t
三、污染防治指标	
13	设市城市生活污水处理率/%
14	城市生活垃圾无害化处理率/%
15	工业用水重复利用率/%
16	工业固体废物综合利用率/%
17	工业废水排放达标率/%
18	工业烟尘排放达标率/%
19	重点污染源在线监控率/%
20	辐射工作单位安全许可证发放率/%
四、环境管理能力指标	
21	县级环境监测能力到达标准化水平的比例/%
22	县级环境监察能力到达标准化水平的比例/%

2012 年，《湖北省环境保护"十二五"规划纲要》经省人民政府批准印发实施。其设定的总体目标为到 2015 年全省主要污染物排放总量持续削减、生态环境质量持续改善、环境安全得到保障、环境基本公共服务体系进一步完善。湖北省在全面贯彻国家环境保护规划指标要求的基础上，以主要污染物排放总量持续削减、生态环境质量持续改善、环境安全得到保障、环境基本公共服务体系进一步完善为目标，细化指标体系并区分了预期性指标和约束性指标，设置了七大类共25 项指标，其中约束性指标 14 项（表 4-6）。与《国家环境保护"十二五"规划》

相比,除总量控制方面的 4 项指标与国家规划保持一致外,其他主要指标均有较大的不同。一是在大气环境质量目标方面,国家规划中设置了"地级以上城市空气质量达到二级标准以上的比例"一项指标,省规划在此基础上进行了拓展,将"地级以上城市"的范围拓展至包含仙桃市、潜江市、天门市及神农架林区的"重点城市"。二是统筹考虑了全省及各重点城市的环境空气质量的提升目标,在达到二级标准天数及达到二级标准天数的城市个数 2 个方面设置了"重点城市空气好于二级标准的天数超过 301 天的比例"和"重点城市空气质量达到二级标准以上的比例"2 项指标。三是在水环境质量方面,未设置"地表水国控断面劣 V 类水质的比例",将"七大水系国控断面水质好于Ⅲ类的比例"调整为"地表河流省控断面达Ⅲ类水质的比例",断面范围由国控拓展至省控。此外,突出了水资源保障需求,增加了"县城以上集中式饮用水水源水质达标率"一项指标。四是在其他指标方面,统筹考虑污染治理、生态建设、环境基础设施建设及环境风险防范等方面,分别增加了工业废水排放达标率、森林覆盖率、县城以上生活污水处理率、城镇生活污水处理率(县城以上)、突发性污染事故应急处置率、放射性废物安全处置率。

表 4-6 《湖北省环境保护"十二五"规划纲要》主要指标

序号	指标名称	指标类型
	总量控制指标	
1	化学需氧量排放总量/万 t	约束性
2	氨氮排放总量/万 t	约束性
3	二氧化硫排放总量/万 t	约束性
4	氮氧化物排放总量/万 t	约束性
	环境质量指标	
5	重点城市空气好于二级标准的天数超过 301 天的比例/%	约束性
6	重点城市空气质量达到二级标准以上的比例/%	约束性
7	县城以上集中式饮用水水源水质达标率/%	约束性

序号	指标名称		指标类型
8	乡镇集中式饮用水水源水质达标率/%		预期性
9	地表河流省控断面达Ⅲ类水质的比例/%		约束性
10	重点流域跨界断面水质达标率/%		预期性
11	重点城市区域环境噪声小于 55 dB（A）比例/%		预期性
污染防治指标			
12	工业废水排放达标率/%		约束性
13	工业固体废物处置利用率/%		预期性
14	规模化畜禽养殖场污染排放达标率/%		预期性
15	农用化肥施用强度/（kg/hm^2）		预期性
16	农药施用强度/（kg/hm^2）		预期性
生态建设指标			
17	森林覆盖率/%		约束性
18	自然保护区占国土面积比例/%		预期性
19	生态环境质量指数		预期性
城镇环境基础设施			
20	县城以上生活污水处理率/%		约束性
21	城镇生活垃圾无害化处理率/%	县城以上	约束性
		重点乡镇	预期性
环境安全保障指标			
22	突发性污染事故应急处置率/%		约束性
23	放射性废物安全处置率/%		约束性
环境管理能力			
24	县城以上环境监测站基本仪器设备达标率/%		预期性
25	县城以上环境监察能力达标率/%		预期性

2016 年，湖北省人民政府批准印发实施《湖北省环境保护"十三五"规划》。其设置的总体目标是到 2020 年全省生态环境质量总体改善：主要污染物排放总量大幅减少，环境风险得到有效控制，环境安全得到有效保障，生态系统稳定性持续增强，生产和生活绿色水平明显提高，生态文明制度体系基本完善，环境治理能力基本实现现代化，生态文明建设水平与全面建成小康社会目标相适应。规划设置了环境质量、污染控制、环境风险和生态保护四大类共 19 项指标，其中约束性指标为 10 项，预期性指标共计 9 项，总体上是根据国家《"十三五"生态环境保护规划》指标体系来制定的（表 4-7）。约束性指标的区别主要体现在以下几个方面：一是在水环境质量方面，延续了"十二五"环保规划，设置了集中式饮用水水源水质达标率（县城以上），强调饮用水安全；二是在环境风险防范中，增加了"重点行业重金属排放量下降"指标。《湖北省环境保护"十三五"规划》设置约束性指标 10 项，相较于国家约束性指标，增加了重点行业重金属排放量下降指标，未设置受污染耕地安全利用率、污染地块安全利用率、森林覆盖率、森林蓄积量 4 项指标。

表 4-7   《湖北省环境保护"十三五"规划》主要指标

指标类别	序号	指标名称		指标属性
环境质量	1	地级及以上城市空气质量优良天数比例/%		约束性
	2	重度及以上污染天数比例/%		预期性
	3	地级及以上城市 $PM_{2.5}$ 年平均浓度/（$\mu g/m^3$）		约束性
	4	集中式饮用水水源水质达标率/%	县城以上	约束性
			乡镇	预期性
	5	地表水质量达到或好于Ⅲ类水体比例/%		约束性
	6	地表水质量劣Ⅴ类水体比例/%		约束性
	7	地下水质量极差比例/%		预期性
	8	耕地土壤环境质量点位达标率/%		预期性

指标类别	序号	指标名称	指标属性
污染控制	9	化学需氧量排放总量减少/%	约束性
	10	氨氮排放总量减少/%	约束性
	11	二氧化硫排放总量减少/%	约束性
	12	氮氧化物排放总量减少/%	约束性
	13	总磷排放总量减少/%	预期性
环境风险	14	放射辐射源事故年发生率/%	预期性
	15	重金属污染物排放强度下降率/%	约束性
	16	突发性环境事件处置率/%	预期性
生态保护	17	生态红线区占国土面积比例/%	预期性
	18	国家重点生态功能区所在的县（市、区）EI 值	预期性

4.2　选取原则

生态环境保护规划要确定具体的指标，需要能够全面、准确、系统和科学地反映各种环境现象特征和内容，以切实实现此阶段所确立的环境保护目标。从指标的属性上可将其分为约束性和预期性指标。预期性指标是政府期望实现的环境规划目标，不是必然要实现的，但是会努力促成实现的目标；约束性指标主要用于对政府责任的约束和考核。在确定指标时，将约束性指标与预期性指标相结合，以约束性指标保障污染防治攻坚战成果的巩固和发展，以预期性指标鼓励重点区域、重点行业进行更进一步的生态环保和绿色低碳发展探索。政府会通过合理配置公共资源和有效运用行政、法律、技术、政策等综合性手段，确保规划有关指标的实现。由于规划指标对地区生态环境保护工作的指导性，湖北省"十四五"时期生态环境保护各项指标及目标设置要统筹考虑目标的重要性程度、可行性等多种因素，具体指标的确定必须遵循一定的原则进行。

4.2.1 可计量与连续性原则

指标需要有可计量的特征。在指标选择上，要尽量选择概念明确及数据可得的指标，并保持上下级及不同区域之间指标选择的口径一致，以保证指标的可比性。另外，判断指标实现与否需要进行不同时期的对比，因而要求在统计或者监测上具有连续性且可比较。指标在继承和发展上应保持相对稳定，更新与完善应该保证与生态环境保护事业同步发展，要注重与《湖北省环境保护"十三五"规划》的衔接，指标的选择应该考虑在《湖北省环境保护"十三五"规划》指标体系基础之上的继承与发展。

4.2.2 一致性原则

《湖北省生态环境保护"十四五"规划》作为国家《"十四五"生态环境保护规划》的组成部分，首先要完成国家下达的各项考核任务，因此规划指标设置总体上应该符合国家《"十四五"生态环境保护规划》的定位和对生态环境保护的要求。在完成国家考核目标的基础上，突出湖北省生态环境保护的工作实绩，体现解决全省突出生态环境问题的需求，但也不能层层加码。

4.2.3 适应性原则

"十四五"时期是我国全面建成小康社会、实现生态环境总体改善、开启全面建设社会主义现代化国家新征程、建设美丽中国的第一个五年，具有重要的历史与战略意义。《湖北省生态环境保护"十四五"规划》指标的设置应适应面临的新形势，适应在《湖北省环境保护"十三五"规划》范围的基础上强化生态环境部门机构改革后新增职责对应的规划内容，进一步明确应对气候变化、地下水等方面的指标。

4.2.4 科学和可操作性原则

规划指标的设置主要用于量化一个时期的任务完成情况，以便开展规划的评估考核，只有与规划任务紧密结合，才能评判出地区生态环境保护措施的实施效果及达到规划目标的程度。因此，规划指标的设置首先应该具有科学性，能够尽量全面地反映湖北省"十四五"时期生态环境保护工作的重点和治理需求。其次，应该具有可操作性，指标的含义及计算方法等要具有统一性或通用性，而且在较长时间内不会有大的改变，尽可能与国家统计部门或相关部门统计的指标在含义和统计口径上保持一致，以便获取指标数据。最后，环境规划指标的多少要根据具体情况来定，如果指标过多，则难以统计落实；如果指标太少，则难以保证环境规划的可行性和决策的科学性。故而环境保护规划要针对规划对象、所要解决的主要问题、现有环境统计的可能性及经济技术力量等条件，以能基本表征规划对象的实际情况和体现规划目标内涵为原则来确定具体的指标要求。

4.3　指标设置

根据湖北省"十四五"生态环境保护规划设定的目标要求，湖北省生态环境保护指标的选择要紧扣高质量发展的内涵和新时代社会主要矛盾的变化，同时要充分考虑"十四五"面临的新形势和"十三五"规划实施评估目标的完成情况，以及生态环境部门新增职能等因素，在指标选择上尽量实现五个转变：从数量转为质量、从规模转为结构、从过程转为结果、从物的发展转为人的发展、从"有没有"转为"好不好"。

4.3.1　重要规划生态环境保护类指标设置

规划和政策中的指标设置是对不同领域在一定发展时期的目标的衡量，对各领域涉及生态环境保护方面的指标也有所考虑。湖北省"十四五"生态环境保护类指标的设置需要参考国家和本省已发布实施的重要综合性规划和专项规划。

1.　综合性规划

《中华人民共和国国民经济和社会发展第十四个五年规划和 2035 年远景目标纲

要》中与生态环境保护相关的共有 5 项约束性指标，分别为单位国内生产总值能源消耗降低（累计下降 13.5%）、单位国内生产总值二氧化碳排放降低（累计下降 18%）、地级及以上城市空气质量优良天数比例（87.5%）、地表水达到或好于Ⅲ类水体比例（85%）及森林覆盖率（24.1%）。此外，在规划任务中还对湿地保护率、地级及以上城市 $PM_{2.5}$ 浓度、氮氧化物、挥发性有机物、化学需氧量和氨氮排放总量、劣Ⅴ类国控断面和城市黑臭水体的数量、城市污泥无害化处置率、地级及以上缺水城市污水资源化利用率、单位国内生产总值用水量下降率提出了目标要求。

《湖北省国民经济和社会发展第十四个五年规划和二〇三五年远景目标纲要》沿用了国家"十四五"规划纲要的指标体系，对"十四五"时期全省经济社会发展主要指标进行设置，其中涉及生态环境保护的绿色生态类指标与国家规划保持一致。分别为单位地区生产总值能源消耗降低（控制在国家下达指标内）、单位地区生产总值二氧化碳排放降低（控制在国家下达指标内）、地级及以上城市空气质量优良天数比例（控制在国家下达指标内）、地表水达到或好于Ⅲ类水体比例（控制在国家下达指标内）及森林覆盖率（42.5%）。此外，还对全省的危险废物、医疗废物无害化处理率、单位地区生产总值地耗作出相应要求。

2. 专项规划

《"十四五"城镇生活垃圾分类和处理设施发展规划》由国家发展改革委、住房和城乡建设部联合印发。在规划中，对全国城市生活垃圾资源化利用率、生活垃圾分类收运能力、城镇生活垃圾焚烧处理能力、城市生活垃圾焚烧处理能力占比提出了具体要求。

《"十四五"城镇污水处理及资源化利用发展规划》《"十四五"城镇生活垃圾分类和处理设施发展规划》由国家发展改革委、住房和城乡建设部联合印发。规划的主要目标对涉及生态环境保护的全国城市生活污水集中收集率（力争达到 70% 及以上）、县城污水处理率（达到 95% 及以上）、水环境敏感地区污水处理排放标准、地级及以上缺水城市再生水利用率（达到 25% 及以上）、城市污泥无害化处置率（达到 90% 及以上）提出相应要求。此外，还对新增和改造污水收集管网长度、新增污水处理能力、新建（改建、扩建）再生水生产能力、新增污泥无害化处置设施规模提出了目标。

《"十四五"节水型社会建设规划》由国家发展改革委、水利部、住房和城乡建设部、工业和信息化部、农业农村部联合印发，主要目标指标包括用水总量、万元国内生产总值用水量下降率、万元工业增加值用水量下降率、农田灌溉水有效利用系数及城市公共供水管网漏损率。

《"十四五"林业草原保护发展规划纲要》由国家林草局、国家发展改革委联合印发。规划指标体系中包含约束性指标——森林覆盖率、森林蓄积量，还对国土绿化面积、建成国家林草种质资源保存库的数量提出了具体要求。

《"十四五"全国农业绿色发展规划》由农业农村部、国家发展改革委、科技部、自然资源部、生态环境部、国家林草局联合印发，规划主要指标体系包括农业资源、产地环境、农业生态、绿色供给 4 个方面共计 11 项指标，其中有 1 项约束性指标为新增东北黑土地保护利用面积。此外，规划还对累计建成高标准农田面积、累计治理酸化、盐碱化耕地面积、新增高效节水灌溉面积及受污染耕地安全利用率作出要求。

《"十四五"塑料污染治理行动方案》由国家发展改革委、生态环境部联合印发，对全国城镇生活垃圾焚烧处理能力、农膜回收率、地膜残留量提出具体要求。

《"十四五"循环经济发展规划》由国家发展改革委印发。主要针对资源能源消耗及综合利用等方面作出规划，具体指标包括主要资源产出率、单位国内生产总值能源消耗、用水量、农作物秸秆综合利用率、大宗固体废物综合利用率、建筑垃圾综合利用率、废纸利用量、废钢利用量、再生有色金属产量、资源循环利用产业产值、建设大宗固体综合利用基地和工业资源综合利用基地数量、建设建筑垃圾资源化利用示范城市、实现再制造产业产值量、可循环快递包装应用规模。

部分上位规划主要环保指标设置见表 4-8。

表 4-8　部分上位规划主要环保指标设置

规划	主要指标
《中华人民共和国国民经济和社会发展第十四个五年规划和2035年远景目标纲要》	单位国内生产总值能源消耗降低、单位国内生产总值二氧化碳排放降低、地级及以上城市空气质量优良天数比率、地表水达到或好于Ⅲ类水体比例、森林覆盖率
《湖北省国民经济和社会发展第十四个五年规划和二〇三五年远景目标纲要》	单位地区生产总值能源消耗降低、单位地区生产总值二氧化碳排放降低、地级及以上城市空气质量优良天数比率、地表水达到或好于Ⅲ类水体比例、森林覆盖率
《"十四五"城镇生活垃圾分类和处理设施发展规划》	全国城市生活垃圾资源化利用率、生活垃圾分类收运能力、城镇生活垃圾焚烧处理能力、城市生活垃圾焚烧处理能力占比
《"十四五"城镇污水处理及资源化利用发展规划》	全国城市生活污水集中收集率、县城污水处理率、水环境敏感地区污水处理排放标准、地级及以上缺水城市再生水利用率、城市污泥无害化处置率
《"十四五"节水型社会建设规划》	用水总量、万元国内生产总值用水量下降率、万元工业增加值用水量下降率、农田灌溉水有效利用系数及城市公共供水管网漏损率
《"十四五"林业草原保护发展规划纲要》	森林覆盖率、森林蓄积量
《"十四五"全国农业绿色发展规划》	农田灌溉水有效利用系数、主要农作物化肥利用率、主要农作物农药利用率、秸秆综合利用率、畜禽粪污综合利用率、废旧农膜回收率
《"十四五"塑料污染治理行动方案》	全国城镇生活垃圾焚烧处理能力、农膜回收率、地膜残留量
《"十四五"循环经济发展规划》	主要资源产出率、单位国内生产总值能源消耗、用水量、农作物秸秆综合利用率、大宗固体废物综合利用率、建筑垃圾综合利用率、废纸利用量、废钢利用量、再生有色金属产量、资源循环利用产业产值、建设大宗固体综合利用基地和工业资源综合利用基地数量、建设建筑垃圾资源化利用示范城市、实现再制造产业产值量、可循环快递包装应用规模

4.3.2　湖北省"十四五"规划主要指标设置

结合《湖北省环境保护"十三五"规划》指标任务的完成情况和《中华人民共和国国民经济和社会发展第十四个五年规划和 2035 年远景目标纲要》《湖北省国民经济和社会发展第十四个五年规划和二〇三五年远景目标纲要》等上位综合性规划，以及国家、省级层面涉及生态环境保护工作的相关专项规划，在总体遵循国家《"十四五"生态环境保护规划》指标体系框架及对生态环境保护的工作要求的基础上，结合"十四五"时期湖北省生态环境保护工作面临的新形势，突出"一降一减、两改善、四提升"的目标，湖北省"十四五"时期生态环境保护规划指标整体从环境质量改善、绿色低碳发展、生态保护与修复、环境风险防范、生态人居建设 5 个方面设置（表 4-9）。

表 4-9　《湖北省生态环境保护"十四五"规划》主要指标

指标类别	序号	指标名称		指标属性
环境质量改善	1	地表水质量达到或优于Ⅲ类水体比例/%		约束性
	2	地表水质量劣Ⅴ类水体比例/%		约束性
	3	地级及以上城市 PM$_{2.5}$ 浓度/（μg/m³）		约束性
	4	地级及以上城市空气质量优良天数比例/%		约束性
	5	地下水质量Ⅴ类水比例/%		预期性
绿色低碳发展	6	单位地区生产总值二氧化碳排放降低/%		约束性
	7	单位地区生产总值能源消耗降低/%		约束性
	8	非化石能源占能源消费总量比重/%		预期性
	9	主要污染物重点工程减排量/万 t	氮氧化物	约束性
	10		挥发性有机物	约束性
	11		化学需氧量	约束性
	12		氨氮	约束性

指标类别	序号	指标名称	指标属性
生态保护与修复	13	生态质量指数（EQI）	预期性
	14	森林覆盖率/%	约束性
	15	生态保护红线占国土面积比例/%	约束性
	16	水土保持率/%	预期性
环境风险防范	17	受污染耕地安全利用率/%	约束性
	18	重点建设用地安全利用	约束性
	19	放射源辐射事故年发生率/（起/每万枚）	预期性
生态人居建设	20	城市生活污水集中收集率/%	预期性
	21	县城污水处理率/%	约束性
	22	城市建成区黑臭水体比例/%	预期性
	23	农村生活污水治理率/%	预期性

　　在环境质量改善方面，结合《湖北省环境保护"十三五"规划》指标体系中的环境质量类指标及《湖北省国民经济和社会发展第十四个五年规划和二〇三五年远景目标纲要》指标体系中绿色生态类的部分指标，保留地表水质量达到或优于Ⅲ类水体比例、地表水质量劣Ⅴ类比例、地级及以上城市空气质量优良天数比例、地级及以上城市 $PM_{2.5}$ 浓度 4 个关键约束性指标，具体指标值按照不低于国家要求的目标设置。水环境质量综合体现国控断面Ⅲ类水体要求、地表水消劣要求及地下水环境治理的新要求，设置了地表水质量达到或优于Ⅲ类水体比例、地表水质量劣Ⅴ类水体比例 2 项约束性指标，这 2 项指标与《湖北省环境保护"十三五"规划》的指标是一致的。"十三五"时期，湖北省县级集中式饮用水水源水质达标率已稳定达到 100%，并且县级以上饮用水水源地水质达标率这一指标涉及保障环境安全，是必须完成的指标，因此"十四五"规划中不再将县级集中式饮用水水源水质达标率纳入指标体系。大气环境质量改善统筹考虑 $PM_{2.5}$ 浓度降低和环境空气优良天数比例提升等要求，设置了地级及以上城市 $PM_{2.5}$ 浓度和地级及以上城市空气质量优良天

数比例 2 项约束性指标,这 2 项指标与《湖北省环境保护"十三五"规划》的指标也是一致的。此外,考虑"十四五"时期地下水环境治理的需求,按照国家规划要求,设置"地下水质量Ⅴ类水体比例"指标,并将其作为预期性指标。

在绿色低碳发展方面,为突出减污降碳协同增效的要求,从碳减排、能源消耗及污染物减排 3 个层面设置具体指标。其中,碳减排指标与国家《"十四五"生态环境保护规划》和《湖北省国民经济和社会发展第十四个五年规划和二〇三五年远景目标纲要》的指标要求一致,选取单位地区生产总值二氧化碳排放降低这项约束性指标,这项指标也是"十三五"环保规划未涉及的;能源消耗指标选取单位地区生产总值能源消耗降低这项约束性指标,以及非化石能源占能源消费总量比重这项预期性指标,反映能源结构的调整与变化,这也是与国家《"十四五"生态环境保护规划》和《湖北省国民经济和社会发展第十四个五年规划和二〇三五年远景目标纲要》要求一致;在污染物排放层面,设置氮氧化物、挥发性有机物、化学需氧量、氨氮主要污染物重点工程减排量 4 项约束性指标,与省"十三五"环保规划不同的是,约束性指标中 4 项主要污染物由氮氧化物、二氧化硫、化学需氧量、氨氮调整为氮氧化物、挥发性有机物、化学需氧量、氨氮(挥发性有机物在《湖北省环境保护"十三五"规划》为预期性指标),主要原因是二氧化硫减排空间已较小,同时大气环境 O_3 问题逐步凸显,作为 O_3 重要前体物的挥发性有机物需要予以重点控制和治理;同时,指标由总量减少调整为主要污染物重点工程减排量。

在生态保护与修复方面,与《湖北省国民经济和社会发展第十四个五年规划和二〇三五年远景目标纲要》和国家《"十四五"生态环境保护规划》保持一致,设置森林覆盖率这项约束性指标。为突出生态环境分区管控要求,加强生态保护红线监管,确保生态保护红线面积不减少、功能不降低、性质不改变,设置了生态保护红线占国土面积比例这一项约束性指标,《湖北省环境保护"十三五"规划》中该项指标为预期性指标。此外,为考虑生态系统质量的变化情况,以及国家层面对生态环境状况指数的调整,选取生态质量指数(EQI)一项预期性指标,以反映生态系统质量保持稳定的要求。为反映生态修复的力度,设置水土保持率这项预期性指标。

在环境风险防范方面,重点考虑土壤环境、核与辐射安全的要求,在土壤污染治理方面,统筹考虑受污染耕地安全利用和建设用地安全利用两个方面,设置受污染耕地安全利用率及重点建设用地安全利用2项指标,并作为约束性指标,这与《湖北省环境保护"十三五"规划》有较大区别,《湖北省环境保护"十三五"规划》中土壤环境质量的指标为耕地土壤环境质量点位达标率,但未考虑建设用地的安全利用。在核与辐射安全方面,设置放射源辐射事故年发生率这一预期性指标,这与《湖北省环境保护"十三五"规划》也是一致的。

在生态人居建设方面,考虑城市、县城、建成区及农村等不同区域环境基础设施建设需求,结合湖北省城市生活污水集中率及农村生活污水治理率不高的实际,为进一步强化环境基础设施建设,设置城市生活污水集中收集率、县城污水处理率、城市建成区黑臭水体比例、农村生活污水治理率4项指标,其中县城污水处理率为约束性指标,其余为预期性指标。

5

推进绿色低碳发展

加快推进绿色低碳转型发展、持续改善生态环境质量是高质量发展的应有之义。长期以来,我国以化石能源为主的能源结构导致二氧化碳排放与主要大气污染物排放具有很强的"同根、同源、同时"特征。应对气候变化必须与生态保护、环境治理、资源能源安全协同控制、协同保护、协同治理。立足新发展阶段、贯彻新发展理念、构建新发展格局,突出以降碳为源头治理的"牛鼻子",促进经济社会发展实现全面绿色转型。当前,湖北省正处于工业化中期,工业结构偏重,能源消耗以煤为主,而全省能源资源十分匮乏,缺煤、少油、乏气,能源需求对外依存度较大,能源供求矛盾日益突出,环境压力不断加大。"十四五"时期,湖北省深入实施可持续发展战略,围绕落实碳达峰目标与碳中和愿景,全面推进碳达峰行动,积极应对气候变化;全力推进生态省建设,强化生态环境分区管控,大力推进生态产品价值实现,推动形成区域绿色发展布局和绿色发展方式;着力构建绿色产业体系,推动资源能源高效利用,形成节约资源和保护环境的空间格局、产业结构、生产方式和生活方式,促进经济社会发展全面绿色转型。

5.1　积极应对气候变化

应对气候变化、推进产业绿色转型升级的核心是加快产业结构转型升级,建设清洁低碳现代能源体系,推动煤炭等化石能源清洁高效利用。延长和优化煤炭、石油、矿产资源开发产业链,推进资源产业深加工,逐步完成能源产业结构调整和升级换代。发挥可再生能源、矿产资源、生物资源、自然和文化景观等优势,壮大太阳能、风能、水能等可再生能源开发规模,加快矿产资源绿色开采和加工技术升级改造,培育绿色基础产业体系。

湖北省在"十四五"期间加快重点领域和行业低碳转型。实施以碳强度控制为主、碳排放总量控制为辅的制度,加强煤电、钢铁、建材、有色金属、石化等高耗能行业二氧化碳排放总量控制。深入推进工业、建筑、交通等领域低碳转型。严格控制高耗能行业项目准入,淘汰二氧化碳排放量较高的落后产能,开展重点行业清洁化生产改造。

5.1.1 开展碳排放达峰行动

为实现碳排放达峰，湖北省坚持"分类指导、梯次推进"的原则，明确达峰路线图，推动地市开展碳达峰示范，加大减排力度，完善政策措施，确保 2030 年前梯次有序达峰。推动宜昌、襄阳、黄石等重点城市做好本地区达峰行动方案，加大减排力度，完善政策措施，争取尽早达峰。鼓励有条件的城市编制实施达峰和空气质量达标行动方案，打造 1～2 个"双达"典范城市，建设"双达"示范城市。推进重点领域行业碳达峰。实施能源、工业、交通运输、城乡建设等领域和钢铁、建材、化工、电力等重点行业碳达峰行动，支持重点行业、重点企业率先达到碳排放峰值。推动汽车、化工、钢铁等传统产业改造升级，实施一批绿色制造示范项目。鼓励大型国有企业制定碳达峰行动方案、实施碳减排示范工程。

控制工业过程二氧化碳排放。重点是水泥、石灰、钢铁、电石等行业生产过程二氧化碳排放。通过实施"技改提能、制造焕新"行动，以钢铁、建材、有色金属、石化、造纸、纺织等行业为重点，开展全流程清洁化、循环化、低碳化改造，积极推动重点行业环保绩效分级，实施全流程二氧化碳减排示范工程。加大二氧化碳减排重大项目和技术创新扶持力度。开展绿色工厂、绿色设计产品、绿色园区和绿色供应链创建行动。

控制非二氧化碳温室气体排放。加强甲烷、氧化亚氮、氢氟碳化物、全氟化碳、六氟化硫等非二氧化碳温室气体的排放控制和管理。挖掘煤矿和油气领域甲烷减排潜力。控制硝酸、铝、电力设备生产过程中氧化亚氮、全氟化碳、六氟化硫的排放，控制制冷设备、保温材料生产中含氢氯氟烃排放。加强标准化规模种养，控制农田和畜禽养殖过程中甲烷和氧化亚氮的排放。控制废弃物处理时温室气体的排放，加强污水处理厂和垃圾填埋场对甲烷的排放控制与回收利用。实行城乡生活垃圾强制分类，引导卫生填埋场沼气回收及能源化利用，加快甲烷转化、脱氮等技术应用，控制废弃物处理过程中甲烷和氧化亚氮的排放。

加强温室气体排放管理。建立健全温室气体统计核算体系，常态化推进省级温室气体排放清单编制，完善市（州）级温室气体清单编制工作机制，鼓励有条件的县（市、区）开展温室气体清单编制。加强温室气体监测和气候变化对承受力脆弱地区的影响观测，完善控制温室气体预测预警机制。探索制定工业、农业温室气体和污染物减排协同控制方案。加强污水、垃圾等集中处置设施温室气体排放协同控制。加强对温室气体排放重点单位的监管并将其纳入生态环境监管执法体系。

推进增加碳汇。一是增加森林碳汇。实施林业重点工程，持续推进国土绿化，完成营造林 719 万亩、长江防护林 225 万亩。推进长江中游和汉江中下游两大森林城市群建设，加强城市间生态空间连接，大力推进国家森林城市和省级森林城市建设。持续推进"互联网+全民义务植树"基地、国家森林乡村建设，全面开展森林抚育经营，改善林分结构，提升森林整体质量，增强森林碳汇功能。二是增加湿地碳汇。严守湿地生态保护红线，实行严格的开发管控制度，开展湿地保护修复和退耕还湿，遏制湿地流失和破坏，稳定湿地碳库。着力加强小微湿地保护，进一步提高湿地碳汇能力。以国家湿地公园为重点，开展湿地资源调查和动态监测，参照行业标准，开发湿地碳汇交易项目。三是增加农田碳汇。改进和优化耕作措施，增加土壤有机碳固存，配合施用化肥和有机肥，推广少耕、免耕技术，推进秸秆还田，降低土壤侵蚀，增加农田土壤碳库。继续开展测土化验、肥效试验和化肥利用率田间试验，推进配方肥进村入户到田。参照《测土配方施肥固碳减排计量方法指南》，探索开发测土配方碳汇交易项目。

5.1.2　大力推进碳市场建设

深入推进碳排放权交易。完善碳市场制度体系，扩大碳市场覆盖范围，优化碳排放配额分配方案。适时适度针对碳排放配额纳入管理的企业开展初始配额有偿分配，完善配额投放制度。完善碳排放报告、监测和核查体系，建立核查机构的准入、考核和退出机制，推进年度碳排放核查和履约，确保碳排放交易履约率。大力培育低碳新兴服务业，鼓励发展节能低碳认证、碳审计、碳核查、碳咨询等服务。

积极参与全国碳市场建设。高质量完成全国碳排放权注册登记结算系统的建设和机构组建，开展碳资产确权、登记、结算，完善信息披露、风险管理、系统对接、灾备管理等工作，做好系统运维，加强碳排放数据专项监督执法，依法依规严肃查处数据造假等问题，为全国碳市场稳定运行提供支撑。积极做好纳入全国碳市场企业的引导管理，加快推进区域性碳市场与全国碳市场的深度融合。

突破性开展碳金融创新。创新碳交易产品和碳金融工具，设立并用好碳达峰碳中和基金，出台碳排放权抵质押贷款相关规定，完善绿色金融体系，加快打造全国碳金融中心。依托全国碳排放权注册登记结算系统，充分对接绿色"一带一路"、湖北自贸试验区建设，打造绿色交易博览会，推动绿色贸易发展。积极承办中国碳市场大会，推动建设绿色技术交易中心、气候变化南南合作培训基地等国际合作平台，吸引更多的绿色产品、绿色技术、绿色项目、绿色投资汇聚湖北。

5.1.3　积极开展试点示范

推进近零碳排放区示范工程建设。组织开展城镇、园区、社区、校园及商业场所近零碳排放示范工程建设。城镇以推动单位地区生产总值碳排放下降及碳达峰为目标，重点开展近零碳产业、建筑、交通、能源、生活五大工程；园区以单位工业增加值碳排放下降为主要目标，严格实行低碳门槛管理；社区以控制居民人均碳排放量为主要目标，重点建设低碳交通、能源和水资源利用系统，实施生活垃圾分类，形成绿色生产生活方式；校园以控制师生人均碳排放量为目标，将近零碳理念融入学校教育、技术创新、基础设施建设、运营管理及考核评价中，打造近零碳校园发展模式；商业场所以逐步实现碳中和为主要目标，重点完善绿色供应链体系、推进资源循环利用，引导消费者购买碳配额、碳信用、"碳汇+"交易产品并消除碳足迹。推动试点地区实施减源、增汇和替代工程，实现区域内近零碳排放，形成中部地区、长江经济带乃至全国可复制、可推广的样板。到 2025 年，建成全省近零碳排放区示范工程 20 个左右。

拓展低碳试点示范。支持中法武汉生态示范城打造产业创新、生态宜居、低碳示范、中法合作、和谐共享"五位一体"的创新型生态城市发展模式，发挥武汉市在全国低碳发展领域的领头羊作用，开展碳中和路径研究，探索开展碳中和示范区建设。深化省级低碳城市（镇）试点示范，开展工业园区、社区、建筑、交通、商业等领域低碳试点示范。开展气候适应性城市试点。实施减碳示范工程，组建一批省级绿色技术研发中心，开展低碳产品推广工程和高碳产品节约替代示范工程。加大碳中和关键技术研究与示范重点项目支持力度。推动碳捕集、利用与封存（CCUS）技术的示范应用。

开展气候投融资试点。推进一批气候投融资重点项目建设，建立湖北省绿色金融综合服务平台，鼓励开展与气候投融资相关的金融产品和服务第三方认证。创新发展碳金融体系，推动企业、金融机构开展碳核算与气候信息披露，鼓励金融机构为气候友好型金融产品和服务提供有效金融支持。积极争取国家气候投融资试点，积极承接国家绿色发展基金子基金，探索可持续、可推广的气候投融资发展模式，建立具有湖北省特色的气候投融资体系。

开展"碳汇+"交易试点。大力实施植树造林、天然林保护等工程，增强森林、湿地、农业用地储碳能力，增加生态系统碳汇，构建政府主导、社会参与、市场化运作的"碳汇+"交易机制。大力开展"碳汇+"交易助推乡村振兴试点，逐步引入农田碳汇、测土配方减碳、矿产资源绿色开发收益共享等其他"碳汇+"交易内容，探索其他生态补偿措施。开发"碳汇+"项目核算方法，完善"碳汇+"交易收益分配和抵消机制，2025年年底前在全省推广"碳汇+"交易。

开展碳普惠制试点。制定碳普惠核证规范、交易管理等配套政策，建立碳普惠标准。设立碳普惠运营管理机构，搭建碳普惠云平台，开设企业和个人碳账户，推动成立碳普惠商家联盟。鼓励金融机构开发碳信用卡、碳积分、碳币等创新型碳普惠金融产品，引导市民、企业参与碳中和行动。积极搭建碳普惠平台，建立碳普惠数据采集、登记系统，促进碳普惠制试点。

5.1.4　主动适应气候变化

提升城市适应气候变化的能力。探索城市适应气候变化建设管理模式，完善建筑设计、基础设施建设，提升水利、交通、能源设施适应能力。针对气象、地质、排洪防涝等灾害，建设极端气候应急联动指挥体系。搭建气候大数据、风险预警、应急管理等平台，提升部门、街道、社区智慧化服务能力。

构建综合防灾减灾体系。完善灾害监测预警预报网络，开展气候变化风险评估，提高风险实时动态研判能力。推进气候变化风险管理制度、突发公共事件应急机制、风险管理人才培养和宣传教育体系建设，增强全民防灾减灾意识。开展灾害风险高发区等防灾减灾应用示范、技术推广。

5.1.5　倡导低碳生活方式

在重点领域、重点行业、重点环节全面推行绿色低碳消费方式。开展绿色商场创建，鼓励流通环节推广节能低碳技术，贯彻执行绿色物流标准，鼓励企业构建线上线下融合的逆向物流服务平台和回收网络。推行低碳产品认证、标识和绿色产品政府采购制度，国有企业率先执行企业绿色采购指南。政府采购绿色产品的比例达到 30%。培育绿色消费市场，建立完善推广机制，鼓励消费者购置节能家电、高效照明产品、绿色建材及新能源汽车。新能源汽车新车销量占比达 20%左右。禁止、限制使用不可降解塑料袋、一次性塑料餐具、快递塑料包装等，推广应用替代产品，引导公众抵制过度包装。推进资源绿色循环利用，贯彻相关质量标准、技术规范，落实节能、环保、资源综合利用产业的税收优惠政策，推进固体废物综合利用，健全再生资源分类回收利用体系。结合移动互联网和大数据技术，建立绿色消费激励回馈机制。

践行低碳生活。推广低碳技术，增加衣、食、住、行、用、游等重点领域绿色产品和服务的有效供给。推进城市社区基础设施绿色化，采用节能照明、节水器具等。推动"低碳着装"，加大绿色纤维认证的宣传推广力度，提高纺织、服装行业低碳工艺、技术水平，加快废旧衣物回收再利用。建立长效机制，引导顾客理性、适度消费，制止餐饮浪费。开展绿色餐饮创建，推进餐厨废弃物管理和资源化利用。应用绿色农房建设方法和技术，推广使用绿色建材，强化家居用品环境标志低碳产品认证，鼓励使用"能效之星"家电产品。落实居民用电、用水、用气阶梯价格政策。建成生活垃圾分类示范社区 500 个，生活垃圾分类示范村 2 000 个。

倡导低碳出行。积极推进跨运输方式的客运联程系统建设，推广使用电子不停车收费系统（ETC）、移动支付等，构建信息共享、方便快捷、集约智能的公众出行系统。鼓励公交、环卫、出租、通勤、快递物流等领域优先采用新能源汽车。引导私人小客车合乘、互联网租赁自行车等业态健康发展，鼓励步行。推进旅游景区低碳交通发展，探索开发旅游碳足迹核算方法和工具。

推行大型活动碳中和。建立碳普惠机制，鼓励演出、赛事、会议、论坛、展览等大型活动实行碳中和，积极开展宣传，通过购买碳配额、碳信用或在碳中和平台收集社会大众的温室气体减排量。鼓励大型活动优先购买新建林业项目产生的碳汇量，抵消温室气体排放量。

5.2　全力推进生态省建设

湖北是生态大省、江河大省、湖泊大省、山林大省、产业大省、人文大省，自然资源丰富，产业基础扎实，历史文化璀璨，具有良好的发展基础和比较优势。湖北还是党的十八大以后第一个开展生态省建设试点的省份。在推进生态省建设方面，湖北省"十四五"期间强化生态环境分区管控，大力推进生态产品价值实现，推动形成区域绿色发展布局和绿色发展方式。为优化生态省建设目标指标和任务，2021 年完成了《湖北生态省建设规划纲要（2014—2030 年）》中期评估和修编。强化生态省建设组织领导，将生态省建设纳入地方党委、政府年度重点工作，加强系统谋划，统筹推进；制定生态省建设年度工作方案，明确责任分工；加强部门协调联动，建立联络员工作机制，定期研究生态省建设重点工作；健全跟踪调度评估机制，持续开展生态省建设年度考核并将结果向社会公开。

5.2.1　强化生态环境分区管控

为增强区域发展布局的生态底色，湖北省在"十四五"期间筑牢"三江四屏千湖一平原"（三江为长江、汉江、清江；四屏为鄂东北大别山区、鄂西北秦巴山区、鄂西南武陵山区、鄂东南幕阜山区四个生态屏障；千湖为全省各类湖、库、湿地；一平原为江汉平原）生态格局。坚持主体功能区定位，优化城市化地区、农产品主产区、生态功能区三大空间结构，减少人类活动对自然生态空间的占用。支持生态功能区把发展重点放在保护生态环境、提供生态产品上。统筹长江、汉江、清江流域生态系统保护与修复，构建水生态保护网，加快建设绿色生态廊道。强化大别山、武陵山、秦巴山、幕阜山四大生态屏障水土保持、水源涵养和生物多样性维护功能。加强三峡库区、丹江口库区、神农架林区等重点生态功能区保护，增强生态产品和生态服务供给能力，筑牢生态安全屏障。建设丹江口水源区国家绿色发展示范区。推进洪湖、斧头湖、长湖、梁子湖等湖泊湿地生态功能修复与保护，恢复江湖连通廊道和湿地蓄水调洪能力。加强江汉平原农业农村面源污染治理，提升耕地生态功能，保障全省粮食安全。

"三线一单"是推进生态环境保护精细化管理、强化国土空间环境管控、推进绿色高质量发展的有效手段。"十四五"期间，湖北省进一步落实"三线一单"管控要求。依据国土空间规划，优化调整"三线一单"相关内容，建立全省统一的"三线一单"信息管理平台。完成生态保护红线勘界定标，开展生态保护红线监管试点，建立生态保护红线监管体系，实现"一条红线"管控重要生态空间，确保生态功能不降低、面积不减少、性质不改变。强化"三线一单"分区管控，严格落实优先保护单元、重点管控单元、一般管控单元分区分类管控要求，将生态环境管控单元及生态环境准入清单作为区域内产业布局、结构调整、资源开发、城镇建设、重大项目选址、规划环评、生态环境治理与监管的重要依据。

完善"三线一单"配套政策。加强与省国土空间规划融合，根据省国土空间规划，优化调整全省"三线一单"相关内容。推动"三线一单"成果在部门、区域间共享共用，实现"三线一单"编制成果与各部门相关工作的有机融合。统筹省生态环境信息化平台建设，建立"三线一单"环境监管平台。建立量化考核机制。将网格化监管巡查工作情况纳入全省各地市生态环境年度考核，依法依规进行奖惩，强化各级网格在环境监管中的主体责任。建立健全"三线一单"成果实施评估、更新调整和监管机制。开展"三线一单"实施情况年度评估。将"三线一单"实施成效评估结果作为成果更新调整的依据，并纳入生态环境保护督察工作范畴，对执行不力、问题突出的地方加强督导。省、市（州）要组建长期稳定的专业技术团队，安排专项财政资金，切实保障"三线一单"实施、评估、更新调整、数据应用和维护等。

5.2.2　推进生态产品价值实现

生态保护区域是通过生产和提供生态产品而获得生态受益的区域，通过市场或非市场方式对其进行价值补偿，进而促进生态产品外部效应内部化，有助于调动当地人保护生态的积极性。党的二十大报告指出，要建立健全生态产品价值实现机制。在习近平生态文明思想的引领下，湖北省在生态产品价值实现机制方面作了诸多探索。在"十四五"期间，湖北省继续推进自然资源确权登记，开展生态产品信息普查，建立生态产品目录清单。开展重点生态功能区生态产品价值核算，探索生态产品定价、认证与成果运用。大力推进具有鲜明地方特色的生态产品公用品牌建设，促进生态产品价值增值。鼓励各地积极探索生态产品价值实现模式和路径，推动生态优势转化为产业优势。加快推动武汉绿色发展示范、三峡地区绿色发展，实施南水北调中线工程水源区生态保护协作工程，支持十堰、神农架、恩施等地开展生态产品价值实现机制试点，总结推广鄂州市生态保护补偿机制。推动重点生态功能区取消经济发展类指标考核，其他主体功能区实行经济发展和生态产品价值"双考核"。创新金融产品，加大生态产品价值实现金融支持力度。推动生态产品交易中心建设。

"绿水青山就是金山银山"实践创新基地是中共中央、国务院在《关于全面加强生态环境保护坚决打好污染防治攻坚战的意见》中明确提出的任务，更是贯彻落实习近平生态文明思想和党中央、国务院关于生态文明建设决策部署的重要举措和抓手，发挥了践行"绿水青山就是金山银山"理念实践探索的平台和载体作用。湖北省在"十四五"期间积极开展"绿水青山就是金山银山"实践创新基地建设。探索"绿水青山就是金山银山"转化路径和制度，支持十堰市打造"绿水青山就是金山银山"实践创新先行区，支持恩施州等有条件的地区开展"绿水青山就是金山银山"实践创新基地建设，到2025年力争新增5个"绿水青山就是金山银山"实践创新基地。加大"绿水青山就是金山银山"实践创新基地监管和宣传力度，总结凝练形成具有地方特色的"绿水青山就是金山银山"转化模式，为巩固拓展脱贫攻坚成果、推进乡村振兴提供有益借鉴。

为贯彻落实党中央、国务院关于加快推进生态文明建设的决策部署，全国各地积极创建国家生态文明建设示范区。湖北省持续推进生态省建设"五级联创"，为申报创建国家生态文明示范区打下了坚实基础。"十四五"期间，湖北省持续推进"五级联创"提档升级，巩固提升示范创建成果。打造鄂西生态文明建设示范带。支持武汉市、宜昌市创建国家生态文明建设示范区。优先支持已创建成为省级生态文明建设示范区的地区申报国家生态文明建设示范区。加快推进襄阳、荆州、孝感等地生态文明建设示范区创建。提升生态乡镇、生态村创建质量，打造精品生态镇村。推动建立省—市—县联动的示范创建激励机制。强化生态文明示范创建模式的宣传推广，凝练"湖北样本"，推进全省生态文明建设示范创建迈上新台阶。统筹推进环境保护模范城市、美丽城市、美丽乡村建设，助力"五级联创"。"十四五"期间，力争新增国家生态文明建设示范市县不少于 25 个。

5.2.3　推进城市群生态环境共保联治

推进都市圈生态共保联治是实现安全发展的重要前提和保障，是实现四化同步发展的重要支撑，是保障和改善民生的关键环节。为此，"十四五"期间湖北省强调建立城市群生态环境共保联治机制。编制城市群生态环境保护专项规划和工作方案。统筹推进武汉城市圈、"襄十随神""宜荆荆恩"城市群跨界区域流域协同治理、大气联防联控、生态空间共建、环境基础设施共建共享。强化大气污染联防联控，协同开展工业源、移动源专项治理行动。强化跨界流域、湖泊、水库等水生态保护与修复，协同建设生态廊道。合力严管生态保护红线，共同建设生态屏障。建立生态环境监测数据共享机制，推进污水、垃圾、危险废物处理等环境基础设施的共建共享，提升环境治理效能。积极推进城市群生态环境联合执法、交叉执法，完善环境风险管理和协同应对机制，形成齐抓共管的工作格局。建立多样化的生态补偿机制，加强跨界地区的生态环境保护。

武汉城市圈建设的目标是打造长江经济带绿色城市圈和区域生态环境保护同城化示范区。发挥武汉市环境科技和人才优势，壮大节能环保产业规模。开展大气污染综合防控，实施超低排放改造和深度治理工程，推进钢铁、石化、汽车制造、火电、水泥等重点行业清洁生产和循环化改造。推动长江、汉江、府澴河、东荆河、汉北河及梁子湖、斧头湖、武湖、龙感湖等重要流域湖泊系统治理。建设长江干线及长江支流生态廊道、洪湖—梁子湖、汉江—汈汊湖等湖库生态廊道。围绕环武汉主城区周边 50 km 左右生态区域建设环城生态带，加强大别山、幕阜山生态屏障建设。实施森林城市群协同建设工程，积极开展以武汉为中心城市的"湖北长江森林城市群"建设，支持咸宁市建设自然生态公园城市。推进城市圈开展跨界断面水质生态补偿。建立汉江、汉北河、府澴河上下游水环境联合监管及应急处理机制。

"襄十随神"城市群的重点是建设汉江生态经济带高水平保护和"绿水青山就是金山银山"转化示范区。重点加强秦巴山、汉江、丹江口水库交界地区生态保护。优化汉江水资源调度，保障汉江生态流量，联合开展汉江生态保护与修复，提升汉江沿岸污水收集处理能力，打造汉江绿色保护带。推进鄂北生态防护林、鄂北水资源配置二期、引江补汉、沿汉江山水林田湖草系统修复、汉江干支流矿山生态修复、丹江口水库涵养林、府澴河流域水环境综合治理、鄂北旱包子地区水资源优化配置、随南大洪山北麓区域水系连通工程、随州"三区两线"矿山复绿和矿山生态修复项目实施，联合打造鄂北生态屏障。支持神农架林区建设示范国家公园，持续实施联合国开发计划署（UNDP）-全球环境基金（GEF）大神农架项目。

"宜荆荆恩"城市群的发展定位于打造长江经济带绿色发展和生态文明建设先行示范区。加强长江、清江、沮漳河、三峡水库、漳河水库、四湖流域等重点流域的协同治理与保护，建设长江、清江生态廊道。大力推广宜昌市黄柏河流域治理示范经验，提升流域综合治理水平。强化生态空间保护和修复，实施山水林田湖草沙生态保护修复工程，共同建设武陵山生态屏障。支持宜昌市和恩施州共同打造"绿水青山就是金山银山"实践创新基地、支持荆州市建设国家长江生物多样性保护基地、支持荆门市建设国家循环经济示范市和省级绿色发展示范市。加强宜昌市、荆门市磷石膏综合利用技术研发和标准制定研究，有效减少总磷污染。积极推进宜昌市、恩施州建立清江流域生态补偿机制。

5.3　着力构建绿色产业体系

加快形成绿色发展方式是解决污染问题的根本之策。只有从源头上使污染物排放大幅下降，生态环境质量才能明显提升。"十四五"期间，湖北省牢固树立"绿水青山就是金山银山"理念，深入实施可持续发展战略，着力构建绿色产业体系，推动资源能源高效利用，形成节约资源和保护环境的空间格局、产业结构、生产方式和生活方式，促进经济社会发展全面绿色转型。

5.3.1　推动产业绿色发展

推动落后产能退出和压减过剩产能。严格执行质量、环保、能耗、安全等法规标准，坚决遏制"两高"项目盲目发展。加速淘汰经营不规范、无法达标排放的小淀粉、小制糖、小屠宰及肉类加工、小磷肥、小磷矿企业。严格控制尿素、磷铵、电石、烧碱、聚氯乙烯、纯碱、黄磷、电解锰等行业新增产能。稳步推进钢铁、水泥、煤炭、平板玻璃、电解铝、砖瓦等行业落后产能淘汰，强化产能化解及置换。严禁钢铁、水泥、电解铝、船舶等产能严重过剩行业扩能。

严格执行环境准入制度。禁止在合规园区外新建、扩建钢铁、石化、化工、焦化、建材、有色金属等高污染项目。禁止新建、扩建不符合国家石化、现代煤化工等产业布局规划的项目。环境空气质量未达标的城市应制定更加严格的产业准入门槛，对新建、改建、扩建项目所需二氧化硫、氮氧化物、挥发性有机物排放量指标进行减量替代。

推动重点行业绿色转型。大力推进钢铁、水泥、玻璃、有色金属、石化、化工等重点行业全流程清洁化、循环化、低碳化技术改造，加快实施限制类产能装备的升级改造。全面实施能效提升计划，持续推进清洁生产审核，提升焦化、煤化工、工业锅炉、工业炉窑等重点领域和园区清洁化利用水平。

大力发展绿色环保产业。发展壮大高端装备、生物、新能源、新材料、绿色低碳、数字创意等新兴产业，推动战略性新兴产业融合化、集群化、生态化发展，提升绿色环保等新兴产业发展能级。强化政策引导，支持绿色低碳、节能环保产业发展。支持谷城等地建设国家绿色产业示范基地。

大力开展绿色园区建设。推动企业循环式生产、产业循环式组合，促进废物综合利用、能量梯级利用、水资源循环使用，实现绿色低碳发展。全面推进建材、化工、铸造、电镀、加工制造等传统制造业集群和工业园区循环化发展。支持长江国际低碳产业园建设，打造全省低碳产业发展高地。鼓励开展绿色园区创建。全面开展各级各类开发区节约集约用地评价。大力推进绿色工厂建设，鼓励企业积极申报国家级绿色工厂。

大力支持绿色技术创新。培育壮大绿色技术创新主体，以东湖国家自主创新示范区为核心，充分利用 7 个湖北实验室，充分发挥湖北高校科研优势，推进产学研深度融合。发展面向企业节能降碳需求的低碳技术服务，推动绿色低碳技术在各领域应用转化，大力推广个性化定制、服务化延伸等新业态、新模式。加强绿色技术创新的交流与合作，推动绿色创新技术"引进来，走出去"，积极参与绿色"一带一路"建设。完善绿色技术创新成果应用政策体系，加速创新成果转化应用，打造中部绿色技术创新引领区。

5.3.2　资源能源高效利用

持续实施煤炭消费总量控制。合理规划重大耗煤项目布局，新建耗煤项目实行煤炭减量替代。持续实施燃煤锅炉淘汰，县级及以上城市建成区原则上不再新建35 蒸吨/h 以下的燃煤锅炉。在焦化、工业炉窑、煤化工、工业锅炉等重点用煤领域，推广煤炭清洁高效利用技术。全省现有的自备燃煤机组改为公用或清洁能源替代。加强商品煤质量和散煤销售监管，实施年用煤量大于 1 000 t 的煤炭使用单位用煤台账管理。开展鄂西北山区散煤清洁化替代。强化固定资产投资项目能评审查约束和倒逼作用，加强能耗"双控"考核结果应用。

深化能源结构优化调整。推进天然气产供储销体系建设，加大宜昌、恩施地区页岩气调查评价及勘探开发力度，建设鄂西页岩气勘探开发综合示范区。推进荆州煤制天然气项目实施。加快天然气储气能力建设，推进天然气管网建设与互联互通，实施"气化乡镇"工程，推进天然气在居民、工商业、交通运输等领域的应用。大力推进"气化长江"工程，扩大全省天然气利用规模和覆盖范围，到2025年全省天然气消费量达到100亿 m^3 左右，占一次能源消费的比重达到7%左右。推动多种能源集约高效利用，积极推进工业园区建设集中供热设施，统筹规划热电联产项目，建设高效热电机组，同步完善配套供热管网。大力推进储能和智慧能源建设，探索开展智慧能源创新示范。

积极开发利用清洁能源。扩大非化石能源消费途径及比重，积极争取国家提高三峡电能湖北消纳比例，增加电能占终端能源消费的比重。大力推进太阳能开发利用，推动光伏发电与乡村振兴相结合，选择部分地区开展户用光伏发电建设整村推进试点，采取集中建设、统一管理等方式发展户用光伏发电。在宜昌市、襄阳市、荆州市等产粮区和蔬菜产区建设生物质成型燃料项目。在风能资源丰富区有序推进集中式风电项目建设，在江汉平原、开发区等区域建设以就地消纳为主的分散式风电项目。大力推进沼气、生物质等清洁能源利用。加快推进抽水蓄能电站建设，积极探索地热能、氢能开发利用。

加强重点领域节能。促进冶金、化工、建材等行业重点企业建立完善能源管控中心，改造高耗能通用设备，提高能源利用效率。强化重点用能单位节能管理，实施能量系统优化、节能技术改造等重点工程，推进工业、建筑、交通等重点领域和公共机构、数字基础设施等重点用能单位能效提升，加快重点用能单位能耗在线监测系统建设。探索开展县（市、区）节能评估。

加快构建废旧物资循环利用体系。支持宜昌市、襄阳市建设国家工业资源综合利用基地。推广荆门格林美循环产业园发展模式，加快建设可再生资源循环利用产业园和国家级资源综合利用基地。推进快递包装绿色转型，在武汉、鄂州、恩施等快递示范城市开展可循环、可折叠包装产品应用试点与绿色发展综合试点。推进太阳能光伏组件、动力蓄电池等新品种废弃物和建筑垃圾的回收利用。积极推进餐厨垃圾处理设施建设。积极开展垃圾就地分类和资源化利用示范创建试点，探索"互联网+资源回收"模式，实现再生资源回收网络和生活垃圾分类网络"两网融合"，到2025年年底全省城市生活垃圾资源化利用率达到60%及以上。健全垃圾分类投放、收集、运输、处理体系，到 2025 年设区城市基本建成城乡生活垃圾分类处理系统。

5.3.3 绿色交通运输体系优化

大力推进货物运输绿色转型。推进物流铁路干线及专线建设，建设荆门化工循环产业园铁路、麻城石材铁路等专线。大力推进长江干线主要港口大宗货物"公转铁""公转水"工程，有序推进大宗货物集疏港运输向铁路和水路转移，优先保障煤炭、焦炭、矿石、粮食等大宗货物铁路运力供给，重点推进宜昌港、荆州港等港口的煤炭集港改由铁路或水路运输。对接"一带一路"、湖北"五纵四横"综合运输通道，加快多式联运通道建设，打造"车船直取、无缝连接"铁水联运示范项目。加快全省港口码头岸电设施建设和船舶受电设施改造，提高岸电设施使用率。

加快推动车船结构升级优化。加快实施老旧车船淘汰更新，基本淘汰国三及以下柴油货车。实施轻型车和重型车国六 b 排放标准，全面实施非道路移动柴油机械第四阶段、船舶第二阶段排放标准。推进新能源或清洁能源汽车使用，推动新能源汽车在公共服务、城市配送、港口机场作业、货物运输等领域的应用，加快推动充换电、加氢等基础设施建设。限制高排放船舶使用，加快淘汰使用 20 年以上的内河航运船舶，依法强制报废超过使用年限的航运船舶，大力推动船舶靠港使用岸电，加大清洁能源船舶推广力度，在长江干线推广应用 LNG 动力船舶。

构建高效集约的绿色流通体系。建立绿色流通发展长效机制，将绿色流通纳入节能减排资金、内贸发展资金支持范围。建设现代综合运输体系，形成统一开放的交通运输市场，优化完善综合运输通道布局，加强高铁货运和国际航空货运能力建设，加快形成内外联通、安全高效的物流网络。全面推进城市绿色货运配送示范工程建设，加快构建"集约、高效、绿色、智能"的城市货运配送服务体系。重点支持试点示范企业发展，对新能源货运配送车辆营运、配送中心建设、先进组织模式推广应用、市场主体培育等方面予以资金支持。

6

持续改善生态环境质量

持续改善环境质量是满足人民日益增长的美好生活需要的内在要求，是推进生态文明建设和美丽中国建设的必然选择。要持续改善环境质量，需要深入打好污染防治攻坚战，推进精准、科学、依法、系统治污，协同推进减污降碳，不断改善空气、水环境质量，有效管控土壤污染风险。

6.1 推进大气环境治理

面向 2035 年美丽湖北、中部绿色崛起先行区建设的目标，湖北省坚持稳中求进工作总基调，实行降碳、减污、扩绿、增长协同推进，以改善大气环境质量为核心，以减少重污染天气和解决人民群众身边的突出大气环境问题为重点，着力推进大气多污染物协同减排。强化区域大气污染协同治理，系统谋划、整体推进，完善区域大气污染联防联控机制；突出精准治污、科学治污、依法治污，完善大气环境管理制度，推进治理体系和治理能力现代化；统筹大气污染防治与温室气体减排，扎实推进产业、能源、交通绿色低碳转型和高质量发展，实现环境效益、经济效益和社会效益多赢。

6.1.1 加强 PM$_{2.5}$ 和 O$_3$ 协同控制

推进城市大气环境质量达标及持续改善。已达标城市巩固改善大气环境质量，地级及以上城市编制实施大气环境质量限期达标规划，明确空气质量达标路线图及污染防治重点任务，并向社会公开。

强化 PM$_{2.5}$ 与 O$_3$ 协同治理。推动城市 PM$_{2.5}$ 浓度持续下降，有效遏制 O$_3$ 浓度增长趋势。制定精准化、系统化的 PM$_{2.5}$ 与 O$_3$ 污染协同控制治理方案，明确控制目标、路线图和时间表。统筹考虑 PM$_{2.5}$ 与 O$_3$ 污染区域传输规律和季节性特征，实施重点区域、重点时段、重点领域、重点行业污染治理，强化分区分时分类差异化、精细化协同管控。持续开展大气传输通道污染特征研究，常态化开展 PM$_{2.5}$ 与 O$_3$ 来源解析与成因分析，开展协同治理科技攻关。

完善区域协作机制。积极推进武汉城市圈、"襄十随神""宜荆荆恩"城市群大气联防联控，构建秋冬季 PM$_{2.5}$、夏季 O$_3$ 区域联防联控协作机制，建立统一协调、联合执法、信息共享、区域预警的大气污染联防联控机制，构建省内大气污染防治立体网络，推进区域形成"统一规划、统一标准、统一监管"的联动体系。健全区域联合执法信息共享平台，实现区域监管数据互联互通，开展区域大气污染专项治理和联合执法。加大跨省区域联防联控力度，推动长江中游城市群建立联防联控机制。

健全污染天气预警应急响应机制。继续加强省、市两级环境空气质量预测预报能力建设，实现城市 7~10 天预报、$PM_{2.5}$ 与 O_3 预报准确率进一步提升。构建"省—市—县"重污染天气应急预案体系，完善重污染天气预警应急响应机制。探索建立轻、中度污染天气常态化应对响应机制。完善重污染天气应急减排清单，规范预警分级标准体系，开展重点行业绩效分级工作，科学制定减排措施，基本消除重污染天气。

6.1.2 持续推进涉气污染源治理

加强重点行业污染治理。继续执行重点城市重点行业特别排放限值。加快推进现有钢铁企业超低排放改造与评估监测，到 2023 年年底前，武汉等重点城市钢铁企业基本完成超低排放改造，其他地区钢铁企业 2025 年年底前完成改造。推进焦化、水泥等行业超低排放改造，进一步实施陶瓷、玻璃、有色金属、石化、工业锅炉、砖瓦等行业污染深度治理。强化工业企业无组织排放全过程管控。持续推进工业炉窑综合治理。积极推进 65 蒸吨及以上燃煤锅炉超低排放改造，推广实施燃气锅炉低氮燃烧改造。

积极开展挥发性有机物全过程综合整治。强化产品挥发性有机物含量限值标准实施情况执法检查，禁止不符合标准的产品生产、销售和使用。积极推进含挥发性有机物产品源头替代工程，提高汽车整车制造、工业涂装、船舶制造、包装印刷、化工、家具等重点行业低挥发性有机物含量涂料源头替代比例。实施全流程挥发性有机物无组织排放管控，开展汽油、石脑油、航煤等储罐综合治理，强化含挥发性有机物物料储存、转移输送、设备与管线组件泄漏、敞开液面逸散及工艺过程中无组织排放控制，着力提升泄漏检测与修复（LDAR）质量。全面提升治理设施废气收集率、治理设施运行率、治理设施去除率，实施装卸废气收集治理设施升级改造，开展污水逸散废气专项治理，强化非正常工况废气收集处理，切实提高挥发性有机物末端治理水平，确保达标排放。深化工业园区和企业集群综合整治，推广建设挥发性有机物"绿岛"项目。加大油品储运销监管力度。引导石化、化工、煤化工、制药、农药等行业企业实施季节性调控。引导各地市政工程施工实施精细化管控。

持续开展移动源污染防治。加大新车生产环保一致性监督检查力度，从源头保障车辆达标排放。以柴油车为重点，推进实施路检路查，加大对柴油车集中使用和停放地的入户检查，积极推广使用视频门禁系统，完善生态环境部门检测取证、公安交管部门实施处罚、交通运输部门监督维修的联合监管执法模式，强化用车环保达标监管。全面建立实施汽车排放检验与维护制度，实现汽车排放检验、维护维修闭环管理。持续开展非道路移动机械编码登记，严格执行高排放非道路移动机械禁用区管控措施，加快推进非道路移动机械部门联合监管，推进老旧工程机械淘汰/改造，基本消除冒黑烟现象。实施船舶发动机第二阶段标准和油船油气回收标准，推动船舶发动机升级或尾气处理装置改造，加大船舶燃油检测力度。推进丹江口库区船舶实施"油改电"。全省机场岸电使用率达到95%及以上。强化清洁油品供应保障，强化生产、销售、储存和使用环节监管，加大劣质汽柴油打击力度，持续实施加油站、储油库、油罐车、原油成品油码头油气回收治理。稳妥推进车用乙醇汽油使用。

加强大气面源污染治理。加强施工扬尘控制和监管，推进将防治扬尘污染费用纳入工程造价，积极推行绿色施工，将绿色施工纳入企业资质评价、信用评价，严格执行施工过程"六个百分百"，实施渣土车辆密闭运输管理。加强道路扬尘综合治理，推进低尘机械化湿式清扫作业，推广主次干路高压冲洗与机扫联合作业模式，加大对城市空气质量影响较大的国道、省道及城市周边道路、城市支路、背街里巷等机械化清扫力度，提高道路机械化清扫率。以城区、城乡接合部为重点，推进各类煤堆、灰堆、料堆、渣土堆、裸地等扬尘控制。城市裸露地面、粉粒类物料堆放及大型煤炭和矿石等干散货码头堆场，全面完成抑尘设施建设和物料输送系统封闭改造。强化港口作业扬尘监管，开展干散货码头扬尘专项治理，鼓励有条件的码头堆场实施全封闭改造。强化秸秆禁烧，持续实施餐饮油烟污染整治，持续巩固禁鞭成果。

推进大气氨排放控制。加强工业企业氨排放源控制，推进脱硝系统氨捕集和氨逸散管控，开展氨排放与控制技术研究。推进养殖业、种植业大气氨排放减排，强化源头防控，优化化肥、饲料结构。

6.1.3　加强其他涉气污染物治理

深入开展消耗臭氧层物质（ODS）和氢氟碳化物淘汰工作。加强消耗臭氧层物质的生产、使用、进出口的监管，鼓励、支持耗臭氧层物质替代品的生产和使用，大幅减少耗臭氧层物质的使用量。实施含氢氯氟烃淘汰和替代，氟化工行业含氢氯氟烃生产线实施减产和关闭，使用含氢氯氟烃生产线进行改造，继续推动三氟甲烷的销毁和转化。

积极实施高风险有毒有害大气污染物污染管控。严格控制人为汞排放源，开展汞污染源普查与登记，识别和统计有代表性的汞污染潜在释放源。构建汞污染监测体系，以水泥、有色金属冶炼等行业为主要控制对象，建立汞污染源排放清单，推动大气汞污染模拟、污染机制研究。控制和削减二噁英、铅等 POPs 和 PTS 排放。加强高风险有毒有害大气污染物风险管控，开展重点区域生态环境风险排查评估，排查环境安全隐患。督促相关企业强化环境风险评估，加强对排放口和周边环境定期监测。完善有毒有害气体环境风险监测预警体系。加强恶臭气体监测，鼓励开展恶臭投诉重点企业和园区电子鼻监测。

6.2　促进地表水质量改善

美丽中国建设对水生态环境提出了更高的质量要求，"十四五"时期需要在"十三五"强化水环境质量目标管理、推进我国环境管理逐步由总量控制向环境质量目标管理转型的基础上，进一步向水生态系统功能恢复、进而实现良性循环的方向转变。既要巩固碧水保卫战成果，又要服务美丽中国战略，努力实现水环境质量持续改善、水生态系统功能初步恢复，水环境、水生态、水资源统筹推进的格局基本形成。湖北在长江经济带中具有战略地位，在长江经济带"共抓大保护、不搞大开发"的背景下，对于长江流域生态环境保护工作要坚持山水林田湖草沙系统治理的理念，从生态系统整体性和流域系统性出发，加强生态环境综合治理、系统治理、源头治理。

"十四五"时期,坚持山水林田湖草沙系统治理,持续推进水污染防治攻坚行动,统筹水资源利用、水生态保护和水环境治理,污染减排与生态扩容两手发力,协同推进岸上和水里的保护与治理,"保好水""治差水"。实施最严格水资源管理制度,加强水资源"三条红线"管理,优化水资源配置,加快推进长江干流及主要支流排污口普查,建立全省主要流域排污口及水污染源清单,推进水污染物排放清单式管理。优化国控、省控断面设置。推进长江、汉江、清江等重点流域系统治理。完善河湖长制工作机制,推动河湖长制体系向小微水体延伸。持续深入开展集中式饮用水水源专项整治行动,有效保障饮用水安全。以改善水生态环境质量为核心,守好荆山楚水,确保"一库净水北送"和"一江清水东流",让美丽湖北、绿色崛起成为湖北省高质量发展的重要底色。

6.2.1　强化水环境治理

湖北省全省地表水环境质量在"十三五"期间监测考核不断强化,其中地表水环境质量监测断面(点位)增至 361 个,水生生物监测点 160 个,千吨万人饮用水水源地点位 610 个,农田灌溉水点位 70 个,农村生活污水处理设施点位 621 个。为统筹推进全省长江、汉江、清江等多流域"三水共治",持续改善全省水生态环境质量,确保地表水环境质量目标的达成,针对长江、汉江、清江、洪湖、梁子湖、斧头湖、长湖、龙感湖、黄盖湖、府澴河、天门河 11 个重点水生态流域开展专项规划治理,全面落实和推动"一河一策""一湖一策"的流域共治。"十四五"期间继续深化污染减排,实现主要污染物排放总量持续减少。

1. 加快沿江化工企业搬转

2025 年年底前完成《湖北省沿江化工企业关改搬转任务清单》剩余企业关改搬转任务,推进全省化工产业转型升级高质量发展。在长江干支流、重要湖泊岸线 1 km 范围内禁止新建、扩建化工园区和化工项目。禁止在长江干流岸线 3 km 范围内和重要支流岸线 1 km 范围内新建、改建、扩建尾矿库、冶炼渣库和磷石膏库,以提升安全、生态环境保护水平为目的的改建除外。禁止新建、扩建不符合要求的高耗能、高排放项目，禁止在合规园区外新建、扩建高污染项目。以宜昌、荆州、武汉、黄石、鄂州、黄冈、咸宁等长江干流沿线城市为重点，深入开展长江入河排污口溯源整治工作，完成排污口分类命名编码，基本树立排污口标志牌，制定"一口一策"整治方案并组织实施。建立完善长江入河口排污口监管长效机制。

2. 深化工业水污染防治

推动化工、焦化、农药、造纸、制革、电镀、印染、有色金属、氮肥、原料药、农副食品加工等行业企业实施清洁化改造。制定并组织实施长江流域总磷污染控制方案，针对磷矿、磷化工（磷肥、含磷农药及黄磷制造等）企业和磷石膏库（以下简称"三磷"）等重点行业企业，有效控制总磷排放浓度和排放总量，开展长江"三磷"排查整治"回头看"，对排污口及周边环境进行总磷监测。推进磷矿采选及磷化工企业污水处理工艺提升及生产废水循环利用、磷石膏库渗滤液收集处理回用，推进磷肥企业工艺提升改造，加强末端排放管控和达标排放管理。建立激励机制，支持企业研究运用新技术提升磷石膏综合利用率。督促指导工业企业优化升级污水治理设施，强化运行管理，提高污水处理能力和效率。对排放不达标的企业进行排查清理和整治，定期公布整改进度和整改结果。对达标无望的企业，依法提请地方人民政府责令关闭。

持续以省级及以上工业园区为重点，推进污水处理设施分类管理、分期升级改造，实现稳定达标排放。建立工业园区污水集中处理设施进水浓度异常等突出问题清单，相关地市级人民政府组织排查工业园区污水管网老旧破损、混接错接等问题并开展整治，实施清单管理、动态销号。石油化工、石油炼制、磷肥等企业应收集处理厂区初期雨水，鼓励有条件的化工园区开展园区初期雨水污染控制试点示范。加强襄阳、十堰、咸宁、潜江等地工业集聚区污水集中处理设施的建设与改造。2025 年年底前，全省省级及以上工业园区污水管网质量和污水收集处理效率显著提升。推动工业废水资源化利用。推进企业内部工业用水循环利用、园区内企业间用水系统集成优化，实现串联用水、分质用水、一水多用和梯级利用，提高重复利用率。

推动生态流量不足地区将市政再生水作为园区工业生产用水的重要来源。重点围绕火电、石化、钢铁、有色金属、造纸、印染等高耗水行业组织开展企业内部废水利用，创建一批工业废水循环利用示范企业、园区，通过典型示范带动企业用水效率提升。

3．持续开展城镇水污染治理

深入实施河湖长制，巩固地级及以上城市黑臭水体治理成果，确保水体"长治久清"。加快开展县级市建成区黑臭水体清查和整治。加强城镇生活污水治理，实施污水处理厂差别化分区提标改造，加快提升新区、新城、污水直排、污水处理厂长期超负荷运行等区域生活污水处理能力。鼓励开展城市初期雨水收集处理体系建设。建设人工湿地水质净化工程，对处理达标后的尾水进一步净化。污水处理厂出水用于绿化、农灌等用途的，合理确定管控要求，以达到相应污水再生利用标准。鼓励开展城市初期雨水收集处理体系建设。到2025年，全省城市建成区生活污水直排口、收集处理设施空白区、黑臭水体基本消除。加强海绵城市建设。积极推进小微水体治理，基本实现小微水体污水无直排、水面无漂浮物、岸边无垃圾。

4．持续推进农业污染防治

以县为单元推进农村生活污水治理统一规划、建设、运行和管理。优先开展水源保护区、黑臭水体集中区域、乡镇政府所在地、中心村、城乡接合部、旅游风景区六类区域内的村庄生活污水治理。因地制宜选取污水处理与资源化利用模式，规范农村生活污水收集管网与处理设施建设验收管理，有序推进农村污水处理设施建设。积极推进粪污无害化处理和资源化利用，加强农村生活污水治理与"厕所革命"相衔接。已完成卫生厕所改造的地区加快补齐农村生活污水处理设施建设短板，尚未完成卫生厕所改造的地区鼓励将改厕与生活污水治理同步设计、同步建设、同步运行。到2025年，全省农村生活污水治理率达到35%及以上。

加强水产养殖污染防控。实施水产绿色健康养殖行动。加强养殖水域滩涂统一规划，科学划定禁止养殖区、限制养殖区和养殖区。开展水产健康养殖示范创建，发展生态健康养殖。推进养殖尾水治理，加快建设一批水产养殖污染防治工程。巩固江河湖库天然水域围栏围网网箱拆除成果，防止反弹。鼓励在湖泊水库发展不投饵滤食性、草食性鱼类等的增养殖，实现以渔控草、以渔抑藻、以渔净水；强化投入品管理，加强疫病防控质量安全监管。根据需要和论证，对部分禁捕湖泊实施科学生态捕捞。

加强种植业污染防治。推进江汉平原灌区现代化建设，实施重点区域农田退水治理。推进农药化肥减量增效，完善化肥农药使用量调查统计制度，推进农业绿色转型。开展有机肥替代化肥试点。持续开展化肥农药减量化行动，推进洪湖、斧头湖、龙感湖汇水范围内相关地市的化肥、化学农药使用量持续下降。探索建立农业面源污染调查监测评估体系，划分农业面源污染优先控制单元，开展农业面源污染综合整治和监管试点，建设农业面源污染监测"一张网"。加快建设一批农田面源污染防治工程。

6.2.2 优化水资源利用

加强饮用水水源地保护。继续推进县级及以上城市饮用水水源地规范化建设，加快推进乡镇级集中式饮用水水源保护区划定与勘界立标。实施从水源地到水龙头的全过程控制，健全农村集中式饮用水水源保护区生态环境监管制度，加强饮用水水源信息公开。积极推进襄阳、荆州、荆门、鄂州、黄冈等城市应急和备用水源建设。推动南水北调跨界水体联保共治，持续抓好输水沿线区域流域的污染防治和生态环境保护工作，保障南水北调工程水质安全。

建设节水型社会。落实最严格的水资源管理制度，加强水资源总量控制，到2025年年底前用水总量控制在367.41亿 m^3 以内。大力推进农业节水增效，加快江汉平原等粮食主产区节水灌溉工程建设，在鄂西山区和鄂北岗地积极发展集雨节灌，推进漳河水库灌区、东风渠灌区等大型灌区续建配套与现代化改造。推动高耗水行业节水增效，开展企业用水审计、水效对标和节水改造，推进企业内部工业用水循环利用，提高重复利用率。重点围绕火电、石化、钢铁、有色金属、造纸、印染等高耗水行业，创建一批工业废水循环利用示范企业、园区。全面推进节水型城市建设，到2025年，全省40%及以上县（区）级行政区达到节水型社会标准，鄂北地区全面完成节水型社会达标创建，地级及以上城市全部达到国家节水型城市标准。

保障河湖生态水量。实现江湖连通，优先开展汉江、汉北河、府澴河、天门河和"大东湖"生态水网、梁子湖及通顺河等重要水系连通工程。优化水资源配置,实施鄂北地区水资源配置二期、引江补汉等重大引调水工程,推进大别山南麓、鄂东南水资源配置等工程。建立生态可持续的水资源调度方式,汉江流域实施丹江口、王甫洲、崔家营等重要控制性枢纽联合调度,清江流域实施干支流控制性水利水电工程联合调度,中小河流研究建立小水电退出机制。实施水库、拦河坝等生态泄流,强化汉江、清江干流重要水利水电工程生态流量泄放的监测,加强汉江、清江、府澴河、倒水、洪湖、梁子湖、斧头湖等重要水文断面生态流量在线监测。加快制定生态流量、生态水位的保障措施和工作制度。到 2023 年年底前,重要江河流域水量分配和重点河湖生态流量保障目标确定基本完成。到 2025 年,重点河湖重要控制断面生态基流满足程度总体达到 90% 及以上。

加强区域再生水循环利用。推进城镇生活污水、工业废水和农业农村污水的资源化利用,建设污染治理、生态保护、循环利用有机结合的综合治理体系,在重点排污口下游、河流入湖口、支流入干流处等关键点位因地制宜建设人工湿地等水质净化工程设施,将处理达标后的排水和微污染河水进一步净化改善后纳入区域水资源调配管理体系,用于区域内生态补水、工业生产和市政杂用。开展区域再生水循环利用试点示范,推动鄂北岗地资源性缺水地区开展城镇生活污水资源化循环利用,江汉平原水质性缺水地区开展水产养殖尾水综合利用。

6.2.3　推进水生态保护与修复

"十四五"期间,湖北省水生态保护修复措施具体包括坚持保护优先、以自然恢复为主。作为湖泊大省,湖北省要加强源头治理,推进对重要湿地的保护与修复,对水源涵养区、河湖生态缓冲带等产水、护水、净水的国土生态空间实施保护修复,科学划定河湖禁捕、限捕区域,实施好长江十年禁渔,并探索实行重点水域合理期限内禁捕的禁渔期制度。

1. 实施河湖生态缓冲带建设与保护

优先开展饮用水水源保护地、自然保护区、"三场一通道"、野生动物保护栖息地等重要河流干流、重要支流及重点湖库生态缓冲带划定。优先在长江三峡地区开展河湖缓冲带生态修复试点。开展洪湖、斧头湖、梁子湖等大型湖泊生态缓冲带建设及府澴河、四湖流域、东荆河、上西荆河、天门河、通顺河等水质较差的河流两岸生态缓冲带建设。加强生态湖滨带和水源涵养林等生态隔离带建设与保护。

2. 恢复水生生物生境

结合长江十年禁渔，逐步恢复水生生物生境，恢复珍稀鱼类种群资源。全面排查清理长江流域重点水域内非法设置的用于捕捞、养殖的矮围。退还河湖生态空间，恢复水生生物通道及候鸟迁徙通道，保护和合理利用河湖水生生物资源。开展退垸还湖（河）、退耕还湖（湿）和植被恢复。强化洪湖、梁子湖、斧头湖、龙感湖、丹江口水库、三峡水库等重点湖库保护，在梁子湖开展水生植被恢复试点。加强四湖流域等江汉平原地区生态受损、富营养化严重的湖泊生态修复，持续推进入湖支流水生态环境综合治理及湖泊生态系统恢复重建。实施孝感汈汊湖、武汉武湖、钟祥南湖等湖泊清淤及综合治理试点工程。在四湖总干渠等生态破坏严重的河流开展清淤、植草、投放鱼虾贝类等工作，严厉打击滥捕滥捞违法行为。积极开展长江、汉江、清江等重点流域水生态专项调查和生态系统健康评估。

6.3 促进土壤和地下水环境质量改善

加强土壤污染防控，推进地下水环境风险管控，加强土壤污染源头预防、风险管控、治理修复、监管能力建设。具体而言，实施土壤分级分类管理，推动农用地按优先保护类、安全利用类和严格管控类实施分类管理。加强对土壤污染重点监管单位的规范化管理，落实土壤污染防治要求。对建设用地土壤实施环境分级管理，将建设用地土壤环境管理要求纳入国土空间规划和供地管理，严格土壤环境准入。健全建设用地土壤污染风险管控和修复名录制度，建立污染地块修复后再利用长期监管制度，落实建设用地全生命周期管理的理念，实施土壤污染治理与修复行动。开展土壤治理修复技术交流合作，引进先进技术，开展土壤治理修复。

面对新形势下土壤和地下水污染防治面临的机遇与挑战，湖北省坚持保护优先、预防为主、风险管控，突出精准治污、科学治污、依法治污，以保障农产品质量安全、人居环境安全、地下水生态环境安全为出发点，着力推进地表水、地下水和土壤污染协同控制，加强区域与场地地下水污染协同防治，推动全省地下水环境质量持续改善。

6.3.1　加强土壤和地下水污染系统防控

加强空间布局管控。将土壤和地下水环境要求纳入国土空间规划，根据土壤污染状况和风险合理规划土地用途。永久基本农田集中区域禁止规划建设可能造成土壤污染的建设项目。强化土壤和地下水污染防治措施，防止新建、改建、扩建项目涉及有毒有害物质造成的土壤及地下水污染。

强化土壤污染源头防控。严格重金属污染防控，解决一批影响土壤环境质量的水、大气、固体废物等突出环境问题。持续推进耕地周边涉镉等重金属重点行业企业排查整治。分阶段排查整治重点有色金属矿区历史遗留环境问题。分期分批建立土壤生态环境长期观测基地，识别和排查耕地污染成因。

防范工矿企业用地新增土壤污染。结合重点行业企业用地调查成果完善土壤污染重点监管单位名录，探索建立地下水重点污染源清单。土壤污染重点监管单位排污许可证应当载明土壤污染防治要求。开展典型在产企业（园区）土壤污染风险管控试点。定期对土壤污染重点监管单位、地下水重点污染源周边土壤和地下水开展监督性监测。鼓励土壤污染重点监管单位实施提标改造，督促企业定期开展土壤及地下水环境自行监测、污染隐患排查。

6.3.2　推进土壤安全利用

持续推进农用地分类管理。严格保护优先保护类耕地，确保其面积不减少、土壤环境质量不下降。在安全利用类耕地区域综合采用品种替代、水肥调控、土壤调理、深翻耕等农艺调控技术，降低食用农产品重金属超标风险。对于重度污染严格管控类耕地，采取种植结构调整、耕地休耕、退耕还林还草等措施，确保其安全利用。持续推进受污染耕地安全利用和管控修复。加强受污染耕地风险管控，分级分类制定管控办法。探索建立农用地安全利用技术库和农作物种植推荐清单。积极建设农用地安全利用重点县，推动区域受污染农用地安全利用示范建设。动态调整农用地土壤环境质量类别。

深入实施建设用地土壤污染风险管控和治理修复。落实建设用地风险管控与修复名录制度。健全土壤和地下水环境基础数据库，加强部门间信息共享。以用途变更为住宅、公共管理和公共服务用地的污染地块为重点，强化用地准入和部门联动监管，有序推进风险管控和治理修复。推广绿色修复理念，强化修复过程二次污染防控。探索实施污染土壤规模化、集约化修复。探索在产企业边生产边管控土壤污染风险。探索污染地块"环境修复+开发建设"模式。健全实施风险管控、修复活动地块的后期管理机制。推进土壤污染防治先行区建设。

6.3.3　推进地下水污染风险管控

推进地下水环境调查评估和分区管理。以化学品生产企业、尾矿库、危险废物处置场、垃圾填埋场、工业集聚区、矿山开采区为重点，开展地下水环境状况调查评估。开展地下水饮用水水源补给区及供水单位周边区域环境状况和污染风险调查。2023年年底前，完成一批以化工产业为主导的工业集聚区和危险废物处置场地下水环境状况调查评估。2025年年底前，完成一批其他污染源地下水环境状况调查评估。科学划定地下水污染防治重点区域。选择典型区域，探索地下水污染防治重点区域管控模式与配套政策。

加强地下水污染源头防控和风险管控。在南水北调沿线选择典型城市开展地下水污染防治试点，先行探索城市区域地下水环境风险管控。强化化工类工业集聚区、危险废物处置场和垃圾填埋场等地下水污染风险管控。探索开展报废矿井及钻井封井回填污染防治，探索建立报废矿井、钻井清单，持续推进封井回填工作。

7

生态保护与修复

"十三五"时期以来，围绕生态保护修复，我国推进了一系列生态文明体制重大变革，创新生态保护理念和修复治理模式，使全国生态保护修复形势发生了转变。"十四五"时期，生态保护修复及监管工作关键是坚持"山水林田湖草是一个生命共同体"的治理方略，践行"绿水青山就是金山银山"理念，探索生态保护修复与污染防治"两手抓"的推进路径，坚持保护优先、自然恢复，以提升生态系统服务功能、改善生态环境质量、扩大优质生态产品供给为目标，实施山水林田湖草沙各要素整体保护、系统修复、综合治理。力争到2025年生态质量逐步改善，生态系统整体性、稳定性和服务功能得到提升，生态安全得到有效保障。

湖北省在"十三五"期间坚持把修复长江生态摆在首要位置，整体性推进长江大保护。实施长江大保护九大行动、长江大保护十大标志性战役、长江经济带绿色发展十大战略性举措、长江保护修复攻坚战，并取得了一定的成效。"十四五"期间，湖北省继续坚持人与自然和谐共生，坚持严格保护、分级管理、科学利用原则，加快完善以国家公园为主体、自然保护区为基础、各类自然公园为补充的自然保护地体系；统筹山水林田湖草沙综合管理，大力实施生态保护与修复工程，持续开展长江保护与修复，加强生态保护红线管控，严格落实"三线一单"硬约束，实行生态环境分区管控，坚持绿色低碳发展，全面提升生态系统质量和稳定性。

7.1 加强生物多样性保护

湖北省生物种群丰富，为加强生物多样性保护，需要摸清生物多样性底数，开展重点生物保护工程，逐步恢复长江中下游重点江湖水系的连通性，提升水体自净能力，打通水生动物洄游通道。持续开展长江十年禁渔成效评估，强化以江豚为代表的珍稀濒危物种保护工作，加快土著鱼类的种群恢复工作。

摸清生物多样性底数。组织开展全省生物多样性调查、观测和评估。开展生物遗传资源调查和登记工作，推进生物多样性和生物遗传资源数据库建设。2023年年底前，以长江干流重点区域为试点，选取1～2个生物多样性保护优先区域开展生物多样性调查、观测和评估试点。2025年年底前，完成全省生物多样性调查、观测和评估，摸清全省生物多样性本底状况。

实施生物多样性保护重大工程。制定长江流域生物多样性整体保护规划，建立完善生物多样性保护与监测网络。加强珍稀濒危动植物和古树名木的拯救保护、珍稀濒危物种重要栖息地保护与修复，重点实施金丝猴、麋鹿、东方白鹳、江豚、大别山五针松、罗田玉兰、对节白蜡等珍稀濒危物种抢救保护工程，开展国家重点保护野生动植物基因保存设施及林木种质资源保存库、良种基地等设施建设，推进就地保护、迁地保护、种质资源保存、人工扩繁、野外回归等工作，科学采取再引进方式逐渐壮大野外种群，连通生态廊道。推动建设秦巴山（湖北）生物多样性生态功能区，积极申报设立秦巴山生物多样性保护研究中心，争取试点打造秦巴山区生物多样性国家公园保护体系。

加强生物安全管理。依法全面禁止食用野生动物，严厉打击非法野生动物交易。加强外来物种入侵防控，开展外来物种入侵防控技术研究和成效评估。推动转基因生物环境安全风险评估，加强转基因生物技术的安全监管。完善野生动物疫源疫病监测防控体系。强化生物多样性保护联动执法，加大对破坏森林水域、狩猎经营珍稀动植物等破坏、危及生物多样性违法行为的打击力度。

开展生物多样性观测研究。优化生物多样性观测网络布局，建立指示生物观测与综合观测相结合的观测站点，推进常态化观测试点。以生物多样性保护优先区内的国家级自然保护区为基础，建设森林生态系统观测站，选取全省珍稀濒危物种和极小种群建立固定样方，开展物种组成、分布、变化及人类活动影响等研究。以湖北长江干流分布的水生生物自然保护区为重点，建设长江中游水生生物多样性观测站，聚焦长江十年禁渔期水生生物分布及变化研究，逐步形成水生生物多样性观测网络。

7.2 强化自然保护地建设和监管

科学划定自然保护地类型、范围及分区，加快构建科学、规范、高效的自然保护地体系。2025 年年底前，完善全省自然保护地总体布局和发展规划，完成全省自然保护地整合优化和勘界立标，做好自然保护地自然资源统一确权登记，全面落实自然保护地管理机构，初步形成以国家公园为主体、自然保护区为基础、各类自然公园为补充的自然保护地体系。

强化自然保护地监管。建设全省自然保护地"天空地一体化"生态监测网络体系，加强监测数据集成分析和综合运用。建立完善湖北省自然保护地生态环境监管工作制度。定期开展自然保护地人类活动遥感监测和实地核查，深入推进"绿盾"自然保护地强化监督。严格执法监督，加强自然保护地生态环境综合行政执法。定期开展自然保护地生态环境保护成效评估，强化评估成果运用。

开展生态系统状况评估。建立生态状况定期遥感调查评估制度，生态保护红线、县域重点生态功能区生态状况遥感调查评估每年完成一次。依托生态保护红线监管平台和生态监测网络体系，组织开展全省生态状况调查评估。以生态系统样点实地调查和生态系统关键参数地面观测为基础，建立覆盖全省的动态监测（评估）体系，评估全省生态系统格局、质量、服务功能等生态系统状况及其变化，定期发布生态状况变化调查评估报告。

7.3　实施山水林田湖草沙一体化保护修复

当前我国生态系统面临突出退化的问题，应以提升生态系统质量和稳定性为根本目标，从生态系统整体性、系统性出发，统筹推进山水林田湖草沙一体化修复治理。湖北省作为生态大省，要加强森林和湿地保护，推行草原森林河流湖泊休养生息，有序开展退耕还林还草、退田还湖还湿。

加强森林生态系统建设与保护。全面推行林长制，保护森林资源。实施封育保护、生态移民、舍饲圈养，扩大退耕还林还草规模，继续推进大规模国土绿化、天然林保护、公益林建设，加强水土保持林、水源涵养林和防护林建设。实施造林绿化工程，深入推进长江、汉江和清江流域宜林地造林绿化，加大省界门户造林绿化力度，到 2025 年完成造林绿化 120 万亩。实施森林质量提升工程，重点加强长江、汉江、清江沿线和大别山、武陵山、秦巴山、幕阜山区森林质量提升和天然林保护，到 2025 年完成森林质量提升 520 万亩。推进湖北长江和湖北汉江两大森林城市群建设，到 2025 年建设国家森林城市 3 个、省级森林城市 13 个、森林城镇 75 个、森林乡村 100 个。加强森林抚育和退化林修复，坚持用养结合，合理降低开发利用强度。全面停止天然林商业性采伐，严厉打击乱砍滥伐、非法开垦占用等违法行为。

实施重要生态系统保护和修复重大工程。全面推进长江三峡地区山水林田湖草沙生态保护修复工程试点建设。以"三江"流域、"四屏"地区、"两库"为重点，积极开展山水林田湖草沙生态保护修复工程试点申报建设。大力实施河湖和湿地保护修复、退耕还林还草、退田还湖还湿、水土流失和石漠化综合治理、土地综合整治、矿山生态修复等工程。提升丹江口库区等重点区域水土保持与水源涵养功能，加大三峡库区和大别山区水土流失治理力度，实施清洁小流域建设和坡耕地综合整治，建设长江、汉江、清江绿色生态廊道。2025 年年底前，新增水土流失治理面积 8 000 km^2。加强十堰、恩施等岩溶地区石漠化综合治理，强化历史遗留矿山生态修复。

7.4　推进城市生态系统保护修复

开展城市生态环境调查评估。加强城市陆域生态调查评估，对城市山体、水系、湿地、绿地等自然资源和生态空间开展摸底调查，摸清全省城市陆域生态系统本底，找出生态问题突出、亟须修复的区域，有针对性地开展生态治理。积极推进城市体检。

加强城市山体保护与修复。注重保护城市山体的自然风貌，禁止在生态敏感区域开山采石、破山修路、劈山造城。根据城市山体受损情况，因地制宜采取科学的工程措施，消除安全隐患，重建山体植被群落，恢复自然形态。在保障安全和生态功能的基础上，积极探索多种山体修复利用模式。

增强城市绿地生态功能。科学规划布局城市绿环、绿廊、绿楔、绿道，推进生态修复和功能完善工程，提升城市品质。因地制宜规划建设或改造一批"口袋公园"，优化城市绿地布局，均衡布局公园绿地，推动湿地公园、雨水花园等海绵绿地建设，推广老旧公园提质改造，打造公园城市。通过拆迁建绿、破硬复绿、见缝插绿等拓展城市绿色空间，到 2025 年全省城市建成区绿地率达到 36% 及以上。

8

环境风险防控

环境风险防控需要强化环境风险源头防控，围绕重点领域、重点行业加强固体废物、核与辐射、新污染物、工业集聚区环境管理和风险防控，持续开展化学物质环境风险评估，重视新污染物治理，推动化学物质环境风险管控。强化环境与健康风险管理，持续推进涉重行业企业全口径排查，加强重点地区、重点行业重金属污染治理。加强对矿产开采风险的防范。湖北省磷矿资源丰富，磷矿资源保有量、年开采量、磷化工产业规模、磷肥产量均位居全国第一。湖北省也是磷石膏生产大省，现有堆存量约 3.07 亿 t，占全国的一半以上，每年堆放量还在以 2 000 万 t 以上的速度增长。针对磷矿资源的利用，建立尾矿库分级分类环境监管制度，不断完善生态环境风险防范体系，加强生态环境应急管理体系和能力现代化建设，防范化解生态环境领域重大风险，守牢生态环境安全底线，切实维护人民群众身体健康和社会和谐稳定，助力深入打好污染防治攻坚战。

8.1　加强固体废物污染防治

积极建设"无废城市"。制定全省"无废城市"建设工作方案。推动大宗工业固体废物综合利用，有效消纳尾矿、粉煤灰、炉渣、冶炼废渣、脱硫石膏等工业固体废物。强化工业固体废物堆存场所环境整治，落实防扬散、防流失、防渗漏等措施。推行生活垃圾分类，加快垃圾焚烧设施建设。加强建筑垃圾污染防治，推进建筑垃圾源头减量。全面推进县级及以上城市污泥处置设施建设，积极推广污泥焚烧无害化处理，武汉、襄阳、宜昌、荆州等城市加快压减污泥填埋规模。加强白色污染治理，定期开展塑料污染治理部门联合专项行动，积极推广替代产品，规范塑料废弃物回收利用，在河湖水域、岸线、滩地等重点区域开展塑料垃圾清理，建立健全塑料污染全链条防治长效机制。构建覆盖固体废物产生、收集、贮存、运输及处理处置各环节的全过程监管体系，实现固体废物清单化、数字化、网络化管理。开展固体废物污染防治专项行动，建立源清单，加强执法检查。推动武汉、襄阳、宜昌、黄石等城市开展"无废城市"建设试点。

强化危险废物处置及管理能力建设。编制危险废物集中处置设施建设规划，完善危险废物处置体系，确保危险废物处置能力与产废情况总体匹配。健全医疗废物收集、转运、处置和利用体系，2022 年实现所有县（市）医疗废物收集转运处置体系全覆盖，县级以上城市建成区医疗废物无害化处置率达到 99% 及以上。加快补齐医疗废物、危险废物处置利用能力缺口，统筹新建、在建和现有危险废物焚烧处置设施、协同处置固体废物的水泥窑、生活垃圾焚烧设施等资源，建立协同应急处置设施清单，保障危险废物应急处置、重大疫情医疗废物应急处置能力。加快建设华中区域危险废物环境风险防控技术中心和华中区域特殊危险废物集中处置中心。持续开展危险废物专项整治，排查和整治危险废物环境风险隐患，严厉打击和遏制危险废物非法收集、转移、倾倒、处置和利用的违法行为。推进铅蓄电池生产企业集中收集和跨区域转运制度试点工作。

健全尾矿库污染防治长效机制。建立并动态更新尾矿库环境监管清单，持续推动"一库一策"污染防治。严把新建、改建、扩建尾矿库立项、用地、环保、安全准入关。强化长江干流和重要支流岸线等重点区域周边尾矿库的闭库治理，推进已闭库的尾矿库开展污染防治和生态修复。规范尾矿库渗滤液收集和处理，加强重点尾矿库渗滤液、尾水排放及下游断面的监督性监测，建设重点尾矿库环境污染风险预警系统。严格尾矿库日常监管，加强汛期尾矿库环境风险隐患排查治理与环境应急工作，防范化解尾矿库重大环境风险。

推进矿山污染治理和绿色矿山建设。实施"一矿一策"，积极推进丹江口库区及上游湖北区域历史遗留矿山污染排查整治和生态修复，提升南水北调中线工程水源区水质安全保障能力。推进黄石、鄂州、潜江、宜都等独立工矿区改造提升。加强矿山综合整治，实施长江流域干支流 10 km 范围内废弃露天矿山生态修复工程，新建矿山全部达到绿色矿山要求，探索推广景观化修复机制。以建始县、丹江口市、阳新县、郧阳区等地为重点，开展历史遗留露天矿山开采边坡综合整治。加快推动传统矿业转型升级，重点推动有色金属、化工（含磷石膏）、黄金、电解锰等行业开展绿色矿山建设。

8.2　加强核与辐射安全监管

强化核技术利用领域辐射安全风险防范。定期开展放射源隐患排查专项行动及核技术利用单位综合安全检查，实现重点核技术利用单位监督检查全覆盖。持续推进高风险移动放射源在线监控系统升级改造和应用，完成高风险移动放射源在线监控系统二期工程建设，全面实现高风险移动放射源实时监控。加强出入境口岸放射性物品检测，建立核医学放射性废物清洁解控流程。强化城市放射性废物库日常运维和安保，适时开展风险评估，确保全省无较大及以上辐射事故发生。

提升核与辐射安全监管水平。完善湖北省核安全工作协调机制，加强部门间的沟通与协调。开展辐射环境现状调查、国家核技术利用辐射安全管理系统自查及核查。加强电磁辐射环境管理，完善省控电磁监测网络，加强电磁项目合法性监督，开展输变电项目竣工验收实施情况抽查。优化全省辐射环境质量监测网络，推进辐射环境监测网络与常规环境监测网络融合发展。加强核与辐射应急能力和监管信息化建设。推进将核与辐射监管执法纳入综合执法体系。强化企业核安全主体责任。

8.3　推进重点领域风险防范

严格化学品环境监管。推动落实优先控制化学物质名录管控措施。全面开展废弃危险化学品排查整治，重点核查种类、产生量、贮存量、处置量及最终处置去向。加强 POPs 生态环境风险防范，推动企业做好履约相关工作。加强新污染物治理，强化石化、涂料、纺织印染、橡胶、农药、医药等行业新污染物环境风险管控。在长江、汉江等重点流域逐步实施内分泌干扰物、抗生素、全氟化合物等有毒有害化学物质环境调查监测与环境风险评估。鼓励开展新污染物环境与健康危害机理、跟踪溯源、污染削减等基础研究。

加强重金属污染防控。持续加强重金属污染物排放管理，动态调整全口径涉重金属重点行业企业清单，推行企业重金属污染物排放总量控制制度，探索推动全省重点重金属排污权交易。严格重点行业企业准入管理，严格控制重点重金属排放增量。推动重点行业落后产能退出和清洁生产改造，持续推进重点重金属污染物减排。开展全省农用地土壤镉等重金属污染源头防治行动，推动涉镉等重金属行业企业排查整治"回头看"。严格废铅蓄电池、冶炼灰渣、钢厂烟灰等含重金属固体废物的收集、贮存、转移、利用处置过程的环境管理，防止二次污染。

加强工业集聚区风险防范。开展化工园区合规整改，完成城镇人口密集区危险化学品生产企业搬迁改造，强化搬迁改造安全环保管理。推进工业园区环境风险评估和备案。严格执行项目准入制度，强化环境风险源头控制。加大园区环境安全监管力度，严格执行园区环境风险和安全隐患排查制度，加强突发环境事故应急预案和决策支持系统建设。

加强环境与健康风险管理。实施健康中国战略，持续开展公民环境与健康素养提升活动。加强健康影响因素监测，建立环境与健康风险哨点监测网络，持续推进空气污染、城乡饮用水、公共场所健康危害因素、农村环境等重点领域对群众健康影响的监测。加强危害群众健康的突出环境问题管控，建立环境健康风险源管理清单，实施环境健康重大事件及焦点问题的动态跟踪管理。做好武当山生态环境与健康管理试点。深化气候变化对人体健康影响因素、作用机理等相关研究，建立气候健康监测、调查和风险评估制度。

8.4 强化生态环境风险防控与应急

加强生态环境风险预警防控。深入开展环境风险源调查与评估，针对重点区域、流域和涉危涉重企业、尾矿库开展生态安全隐患和环境风险调查评估，实施分类分级管控。强化区域开发和项目建设的环境风险评价，防范与化解涉环保项目邻避问题。加强涉生态环境舆情动态监测，建立健全网络舆情快速反应、协调和处置联动机制。

完善生态环境应急监测体系。明确应急监测工作程序，规范工作流程、标准及岗位职责。加强各地核技术利用单位、电磁敏感重点区域、危险品仓储、重点工业污染事故性排放隐患、饮用水水源地事故隐患、尾矿库风险源监控，建立风险源档案和应急监测预案。

提升生态环境应急处置能力。加快推进突发环境事件总体预案、专项预案及部门预案修编、评估和报备。完成各市（州）突发环境事件应急预案修编和县级以上饮用水水源地应急预案编制。督促企业定期开展应急演练及预案修订。加强应急物资库建设，制定完善省、市、县应急物资储备库建设标准，推进丹江口水库国家级环境应急物资储备库建设。建立省级环境应急实训基地，强化应急演习培训和应急处置装备建设。加强预测预警和应急平台建设，打造智慧预测预警、应急指挥调度管理体系，提升智能化应急处置能力。联合开展区域环境应急处置，妥善解决边界环境污染事件。

9

现代化环境治理体系与治理能力建设

生态环境治理体系和治理能力现代化建设是国家治理体系和治理能力现代化的重要组成部分。要健全党委领导、政府主导、企业主体、社会组织和公众共同参与的现代环境治理体系，构建一体谋划、一体部署、一体推进、一体考核的制度机制。深入推进生态文明体制改革，强化绿色发展法律和政策保障，健全自然资源资产产权制度和法律法规。完善环境保护、节能减排约束性指标管理，建立健全稳定的财政资金投入机制。全面实行排污许可制，推进排污权、用能权、用水权、碳排放权市场化交易，建立健全风险管控机制。大力宣传绿色文明，增强全民节约意识、环保意识、生态意识，倡导简约适度、绿色低碳的生活方式。

9.1　环境治理理念的发展

9.1.1　政府主导的环境治理工作开启

1972 年 6 月，人类环境会议在瑞典举行，我国派出恢复在联合国合法席位后规模最大的代表团参会。当了解到国际社会对环境问题的关注后，我国召开了全国性的环境保护会议，揭开了中国环保事业的序幕。1978 年年底，党的十一届三中全会明确了国家工作重心转移到"以经济建设为中心"上来，我国进入了一个新的发展时期。经济的快速粗放式发展造成污染不断加剧。在这一阶段，环境保护工作的重点围绕工业"三废"大力开展点源控制，通过"命令-控制"型管理策略和工具对污染企业提出环保要求。1979 年颁布的《中华人民共和国环境保护法（试行）》确立了项目建设环境影响评价制度、"三同时"制度和排污收费 3 项环境管理制度。此后，1989 年的全国第三次环境保护工作会议提出了环境目标责任制、城市环境综合整治定量考核、排放污染物许可证、污染集中处理和限期治理 5 项新的制度和措施，形成了环境管理的"八项制度"，这是我国环境政策体系的雏形。在此基础上，我国的环境政策体系不断发展，环境管理机构也在不断发展中。1982 年，国家设立城乡建设环境保护部，内设环境保护局，从而结束了国务院环境保护领导小组办公室的临时状态。1984 年，国务院环境保护委员会成立，负责领导和组织协调全国环境保护工作。1988年，环境保护局从城乡建设环境保护部分离出来，建立了直属于国务院的国家环境保护总局。地方各级政府也陆续成立了环境保护机构，逐步建立了中央、省、市、县四级的"属地管理为主、部门业务指导"的环境保护组织体系。其中，各级环境保护部门直属的环境监察、监测机构是环境保护组织体系的重要组成部分，极大地增强了国家对环境治理工作的管理。

9.1.2　政府、市场为主体的二元环境治理体系建设

政府主导的环境治理主要采用的是"命令-控制"型规制工具。"命令-控制"型规制工具由于信息不对称，搜寻、监管、惩罚等需要大量的人力物力，导致成本高昂。市场在集中信息方面具有绝对优势，而且市场作为激励型规制工具能够激发排污者采用先进技术以获得更多的收益，使其有更多的动力去发明和应用新技术。可持续发展理念在国际环境治理领域兴起后，运用市场手段促进环境治理、内部化环境外部问题、增强企业环境治理的自觉性和创造性、通过市场途径化解经济发展与环境保护的矛盾与冲突的策略备受重视。

社会主义市场经济体制改革实施后，财政直接投资、财政补贴、押金返还制度、排污权交易、税收手段、排污收费和许可证交易等经济手段在保护实践中得到广泛运用。1992年，国家以太原、柳州、贵阳、平顶山、开远和包头为试点城市，开展大气排污交易政策试点工作。1994年，全国环境保护工作会议提出建立和推行环境标志制度，其主要目的是确立绿色产品的市场准入机制。2006年，国家环境保护总局、财政部发布了《关于环境标志产品政府采购实施的意见》和《环境标志产品政府采购清单》，强调政府建立绿色采购制度，以更好地利用市场机制对全社会的生产和消费行为进行引导。

另外，政府也在不断增加环保财政投入，对环保产业的引导和支持不断强化，以促进节能环保产业发展。2006年，财政部正式把环境保护纳入政府预算支出科目。"十一五"时期以后，环境保护的财政支出快速增长。2016年，我国环境治理投资总额为9 220亿元，比2001年增长了6.9倍。"十一五"期间，我国将节能环保产业列为战略性新兴产业之首。"十二五"和"十三五"期间，我国进一步强调并规

范环境污染第三方治理,先后出台了《关于推行环境污染第三方治理的意见》《关于推进环境污染第三方治理的实施意见》等文件。随着"大气十条""水十条"的实施,环保产业市场规模进入爆炸式增长阶段,环境治理市场进入优化发展的新阶段。国家通过投资政策、产业政策、价格政策、财税政策、进出口政策等的实施,使那些节约利用资源的企业获益,引导社会资金进入环保领域,形成多元化的环保投融资渠道,进一步激发了企业主体参与环境治理的积极性。

从环境政策的效果来看,"命令-控制"型环境政策工具在治污减排过程中发挥了基础性的作用,而排污收费(后改为环境保护税)、排污权交易、碳交易等市场化政策工具尚有进一步发展空间。党的十八大以来,在生态文明体制改革框架下,排污收费改环境保护税、环评改革、排污许可制改革、总量控制制度改革、"三线一单"制度取得了积极进展,我国环境政策体系进入全面升级的新阶段。

9.1.3　以政府、市场与社会共治为核心的多元环境治理体系探索

党的十九大报告提出了"构建政府为主导、企业为主体、社会组织和公众共同参与的环境治理体系"的指导思想。多元环境治理是政府、市场与社会多元主体基于共同的环境治理目标进行权责分配,采取管制、分工、合作、协商等方式持续互动对环境进行治理的体系,属于社会制衡性环境治理模式。2020年3月,《关于构建现代环境治理体系的指导意见》正式公布,提出"以坚持党的集中统一领导为统领,以强化政府主导作用为关键,以深化企业主体作用为根本,以更好地动员社会组织和公众共同参与为支撑"。在政府、企业、公众三个生态环境治理者的基础上,将党委和社会组织纳入环境治理体系。这标志着我国生态环境治理形成了"党委领导、政府主导、企业主体、社会组织和公众参与"的多元共治格局,不同角色分别发挥着领导、主导、主体、参与的作用。

在多元参与的治理体系建设中,政府监管(包括环境监管和经济性监管)在治理体系中处于基础和核心地位,为多元参与的环境治理体系提供制度保障。当前的环境监管体系改革在很大程度上弥补了长期以来政府监管不足的问题。深化环境监管体系改革,强化国家的监管职能,是推进国家治理体系和治理能力现代化的重要

维度和抓手。为此,需要进一步厘清多元治理主体的职责定位与责权分工,通过法律法规进一步规范相关主体的权责,提高整个环境治理体系的可问责性。其中,强化并完善对环境监管者的监管是最为重要的方面,通过完善行政问责、司法监督、公众参与等方式做实对监管者的监管。为此要进一步完善中国特色的环保目标责任制,使之进一步规范化、法治化。

下一步应进一步整合现有各项环境经济政策,合理定位和协调各政策工具作用,强化政策手段的组合调控,打通包括环境保护税费、生态补偿、信息披露、绿色信贷等在内的面向企业的环境经济政策链条,重点改革涉及财政、绿色税费、生态补偿、生态权益交易、绿色金融、信息公开和信用、绩效评估等多项政策,突出环境质量持续改善激励、经济过程全链条调控、推进政策手段的系统优化与协同增效、政策执行能力保障,推进打通"绿水青山就是金山银山"通道,形成政策合力,强化政策协同与技术支持,更好地发挥政策的作用,构建多元化、多层次的绿色市场体系。

公众参与是环境治理体系不可或缺的重要组成部分,也是当前我国环境治理体系建构的短板。随着经济发展水平的提高,公众对环境质量改善和环境信息更加关注,这就要求环境信息公开水平、公众参与的广度和深度进一步改善。特别是,公众开启环境监管问责的渠道应进一步完善,环境公益诉讼制度也要进一步发展。此外,要积极引导环保社会组织发展,并规范其管理。

9.2　环境法律法规政策体系建设

9.2.1　生态环境法律法规颁布历程

自 2015 年 1 月 1 日由全国人民代表大会常务委员会修订后的《中华人民共和国环境保护法》正式实施以来,我国的生态环境法律体系进入以生态文明为指导的全面升级时代。"十三五"期间,国家制定了《中华人民共和国土壤污染防治法》《中华人民共和国长江保护法》《中华人民共和国生物安全法》,修订了《中华人民共和国水法》《中华人民共和国大气污染防治法》《中华人民共和国水污染防治法》《中华人民共和国固体废物污染环境防治法》《中华人民共和国野生动物保护法》《中华人民共和国森林法》等法律，《中华人民共和国海洋环境保护法》《中华人民共和国环境噪声污染防治法》《中华人民共和国环境影响评价法》纳入修订程序。截至 2020 年 5 月，现行国家生态环境标准总数达到 2 140 项，包括 17 项环境质量标准、186 项污染物排放（控制）标准、1 231 项环境监测类标准、42 项环境基础标准、648 项环境管理规范及 16 项应对气候变化相关标准。同时，在生态环境部备案的地方生态环境标准有 266 项，其中现行有效标准 243 项。我国生态环境标准体系越来越完善。党的十九大以来，围绕蓝天保卫战发布了 83 项标准，围绕碧水保卫战发布了 42 项标准，围绕净土保卫战发布了 68 项标准。

9.2.2　建立健全生态环境法律法规标准体系

湖北省坚持地方立法与国家立法和改革决策衔接配套的原则，加快推进生态环境保护配套实施性和先行先试性立法。按照先于国家立法、严于国家标准的要求，省政府及有关方面加快制修订与生态环境法律法规配套的政府规章及规范性文件及大气污染防治条例、长江生态环境保护条例等地方性法规，及时出台并不断完善生态环境保护标准。

完善生态环境保护法规。湖北省在"十三五"期间制修订了多部地方性法规，批准实施了一些设区的市、自治州制定的地方性法规，基本形成了较完备的具有湖北特色的生态环境法规体系。"十四五"期间，进一步开展生态补偿、排污许可及环境责任保险等规范性文件或法规研究，出台配套相关法律法规，加快推动生态补偿、排污权和环境责任保险等环境经济政策的制度化和法治化进程。适当提高环境违法的刑事和经济成本，加强法律对企业和个人向环境排放污染物的约束作用。加快推进农村人居环境整治立法进程，鼓励地方出台农村污水和垃圾治理条例等。研究制定有利于推动农村环境保护的财政、税收、土地、信贷、保险等优惠政策，强化已出台审批招标、用电用地、有机肥等扶持政策的落地性。法规宏观性、重复性等问题较为突出，"大而全、大而空""小法超大法"等现象仍不同程度地存在。

立法的可操作性、自主创新性不足，先于国家或者严于国家立法的制度有待建立健全，法规清理工作在确保法规质量的前提下需进一步加快进度等。地方人大及其常委会在制定、修改生态环境保护方面的地方性法规时，需结合本地实际情况及生态环保的新形势和新要求，进一步明确细化上位法规定。全省应全面加快生态环境保护法规、规章和规范性文件的清理进度，对不符合、不衔接、不适应法律规定、中央精神和时代要求的，及时进行修改、废止或补齐。牢固树立法律法规的刚性和权威，决不允许作选择、搞变通、打折扣，决不允许搞地方保护。要加强备案审查工作，及时纠正违反上位法规定的规章和规范性文件，维护社会主义法制统一。

开展地方环保标准制修订宣传。继续深入推动重点行业和环境敏感区域污染物排放地方标准制定研究工作。组织实施《湖北省汽车涂装行业挥发性有机物排放标准研究》《湖北省印刷行业挥发性有机物排放标准研究》《湖北省磷矿开采行业污染物排放标准研究》等地方标准的研究，健全农村生活垃圾污水治理技术、施工建设、运行维护等标准规范。加强环境标准宣贯培训，开展环境标准专题宣贯，组织省、市、县三级环保系统标准管理人员与相关行业的企业人员参加培训，通过培训，丰富环保工作人员的标准知识，提高环境标准管理业务水平，为切实改善流域水质提供有力抓手。

9.3　完善环境行政管理制度

1989 年的《中华人民共和国环境保护法》确立了统一监督管理与分级分部门管理相结合的环境监督管理体制。统管部门是环境保护行政主管部门，分管部门则有国家海洋行政主管部门、港务监督、渔政渔港监督、军队环境保护部门和各级公安、交通、铁道、民航管理部门，对其负责的污染防治实施监督管理。县级以上人民政府的有关部门，如土地、矿产、林业、农业、水利部门也相继成立环境保护监督机构，负责对自然资源保护实施监督管理。这种环境保护监督管理体制对于加强我国的环境保护工作起到了非常重要的作用，但这一体制随着我国环境问题的日趋严重，在实践中也暴露出相关部门职责交叉、协同不够、监管执法力量分散等现实挑战，环境监管体制迫切需要适应性变革。

9.3.1　国家生态环境管理体制改革脉络

党的十八届三中全会提出建立系统完整的生态文明制度体系,实行最严格的源头保护制度、损害赔偿制度、责任追究制度,明确改革生态环境保护管理体制,建立和完善严格监管所有污染物排放的环境保护管理制度。2016 年,中共中央办公厅、国务院办公厅印发《关于省以下环保机构监测监察执法垂直管理制度改革试点工作的指导意见》,部署启动制度改革工作。党的十九届三中全会提出改革自然资源和生态环境管理体制,实行最严格的生态环境保护制度,并推行了系统性、整体性、重构性的变革。

2018 年 2 月,机构改革方案明确整合分散的生态环境保护职责,统一行使生态和城乡各类污染物排放监管与行政执法职责,以原环境保护部的职责为基础,将国家发展改革委应对气候变化和减排职责,国土资源部监督防止地下水污染职责,水利部编制水功能区划、排污口设置管理、流域水环境保护职责,农业部监督指导农业面源污染治理职责,国家海洋局海洋环境保护职责,国家南水北调工程建设委员会办公室南水北调工程项目区环境保护职责进行整合,组建生态环境部。通过职责重组和科学配置,推动环境保护的城乡统筹、陆海统筹、区域流域统筹、地上地下统筹,实现污染治理的要素综合、职能整合和手段综合。2018 年 11 月,生态环境部印发《关于统筹推进省以下生态环境机构监测监察执法垂直管理制度改革工作的通知》,要求各地生态环境部门进一步提高思想认识,分类推进垂改任务,并明确了时间表。

2018 年 12 月,《关于深化生态环境保护综合行政执法改革的指导意见》发布,明确了生态环境综合执法改革的职责整合范围。在权责统一、权威高效的依法行政体制目标下,生态环境综合执法改革以增强统一性、权威性和高效性为重点,整合原环保、国土、农业、水利、海洋和林业等部门的污染防治和生态保护执法职责,相对集中行政执法权。具体而言,职责整合范围包括原环保部门污染防治、生态保护、核与辐射安全等方面的执法权;原海洋部门海洋、海岛污染防治和生态保护等方面的执法权；原国土部门地下水污染防治执法权，因开发土地和矿藏等造成生态破坏的执法权；原农业部门农业面源污染防治执法权；水利部门流域水生态环境保护执法权；原林业部门对自然保护地内进行非法开矿、修路、筑坝、建设造成生态破坏的执法权。中央首次以指导意见的形式明确生态环境保护综合执法，包括污染防治执法和生态保护执法。其中，生态保护执法的对象涉及查处破坏自然生态系统水源涵养、防风固沙和生物栖息等服务功能和损害生物多样性等。

在探索构建一套"国家督查、地方监管、单位负责"的区域环境监管体制以回应污染问题的跨界性和外部性过程中，2002 年国家环境保护总局在南京和广州试点建立华东和华南环保督察中心。2017 年 5 月，第十八届中央深改组第三十五次会议审议通过《设置跨地区环保机构试点方案》，探索设置跨地区环保机构。环境保护部区域督查中心更名为区域环境保护督察局，从部属派出事业单位"升格"为部属派出行政机构。同时，为强化各级地方政府环境保护主体责任和履职监督，构建督政问责监督体系，创立中央生态环境保护督察制度。

"十四五"时期，国家进一步完善中央统筹、省负总责、市县抓落实的工作机制，以解决突出生态环境问题、改善生态环境质量、推动经济高质量发展为重点，完善中央和省级生态环境保护督察体系，不断健全工作程序、工作机制和工作方法，推动生态环境保护督察向纵深发展。

9.3.2　完善环境监管体制

湖北省环境保护工作职责涉及发改、经信、教育、公安等多个部门，职责分散交叉、重叠问题突出。横向上存在多头执法问题。对于污染防治执法领域而言，法律、标准体系较为健全，但执法权较为分散，个别领域存在"九龙治水"问题。执法权分散导致职责交叉不清，部门间协调不畅，同时也容易造成能力配置的重复浪费和多头执法。对于生态保护执法领域而言，生态保护执法领域法律、标准体系及执法事项和执法主体均较为分散。目前还没有针对生态保护的系统性专门立法，很多领域没有针对生态破坏的执法依据。纵向上存在多层执法问题。省级以下环境执法队伍普遍存在"职责同构"问题，根据现行法律法规，除核与辐射、机动车、消耗臭氧层物质等领域明确只能由国家级、省级生态环境部门承担的执法事项外，其余执法事项均可由"县级以上人民政府环境保护主管部门"承担，执法职责"上下一边粗"，层级事权不清、同级环保部门内部执法边界不清，多头执法、碎片化严重。某个具体的案件，省、市、县三级均有权查处，有限的执法资源没有充分利用，也容易造成多层执法问题。在国家环境监管体制改革的要求下，湖北省在"十四五"期间需要进一步完善监管体制。

1. 明确政府部门监管责任分工

明确部门职责分工，完善部门联动配合机制，增强环境监管的协调性、整体性，在区域、流域规划和开发建设中实行环境与发展综合决策。地方各级人民政府作为生态环境污染防治工作的责任主体，对行政区域内生态环境质量负总责，制定本地规划和实施方案，明确目标任务和职责分工，完善政策措施，层层分解落实到基层单位、相关部门和企业。各相关部门根据规划要求，按照"管发展的管环保、管生产的管环保、管行业的管环保"原则，进一步细化分工任务，制定配套政策措施，严格落实"一岗双责"。各级生态环境部门加强对生态保护监管工作的统筹领导，推动将生态保护监管目标任务纳入生态环境保护规划、社会经济发展规划中。加强对区域生态保护修复专项规划、生态保护修复工程实施方案的指导与实施成效监督。按照规划要求，建立健全跨部门统筹协调机制，强化部门联动协作，全面推进生态保护监管任务实施。

推动各级人民政府落实生态环境保护主体责任，加大生态保护监管力度，制定生态环境保护责任清单，依法明确和细化相关部门生态环境保护及监管责任。加大对生态监测评估、监督执法等结果应用，推动政府部门及有关企业落实生态保护修复责任。推动各部门在编制相关规划、计划、工作方案时与生态环境保护规划做好衔接。

2. 加强生态环境监管体系建设

深入推进生态环境损害赔偿改革和责任追究，推进环境损害司法鉴定纳入司法管理体系，深入推进"放管服"改革。创新环境治理服务模式，推进环境污染第三方治理，加强对第三方污染治理的监管。深入推进"互联网+政务服务"，构建"一站式"办事平台，加快实施"不见面"审批。构建网络化环境监管体系，建立网格化环境监管信息平台，构建数字化、信息化的数据库，同时推进视频监控的应用，以提升环境监管效能。加强人员队伍建设，创新人员配置模式，加快形成完备的监管队伍。

3. 持续开展生态环境保护督察

2016年1月，党中央、国务院正式启动中央环境保护督察。湖北省以迎接中央环境保护督察为契机，在全省范围内率先开展环境保护综合督察。中央第三环境保护督察组进驻期间向湖北省交办环境信访问题均已办理办结。湖北省人民政府成立了湖北省环境保护督察反馈意见整改攻坚指挥部，集中力量、全力攻坚。截至2018年年底，按照整改方案要求，湖北省整改任务已基本达到整改目标进度。

面对建设新时代生态文明的目标和任务，中央生态环境保护督察制度的实施呈现出以下一些新特点：从督察功能来看，中央生态环境保护督察从注重生态环境保护向促进经济、社会发展与环境保护相协调转变，推进了各地的高质量发展；从督察事项来看，中央生态环境保护督察从侧重环境污染防治向生态保护和环境污染防治并重转变；从督察模式来看，中央生态环境保护督察从全面的督察向全面督察与重点督察相结合转变。

结合中央生态环境保护督察的新特点，湖北省进一步实现生态环境保护督察常态化，从单方面的督察生态环保向促进经济、社会发展与环境保护相协调延伸，加强对地方全面贯彻习近平生态文明思想、落实新发展理念、推动高质量发展情况的督察。通过生态环境保护督察，地方各级党委和政府生态环境保护责任意识明显增强。针对一些特定行业、重点领域、经济技术开发区、工业园区等，不定期地开展现场检查，在督察过程中着重督察企业的环评手续、产业政策、治污设施建设及运行、主要污染物治理、应急预警机制等情况。制定翔实的生态环境保护督察实施细则，明确督察形式、督察内容、督察结果利用、党政部门责任追究情形等内容。提高督察针对性。从全面督察向全面督察与重点督察相结合转变，更加注重围绕中央和省市制定的污染防治攻坚战行动计划和方案，采取更有针对性的督察举措，更多采取"点穴"式和"紧盯"式开展督察。规避督察过程中"一刀切"，坚决反对、严格禁止在生态环境保护督察执法中对企业采取简单粗暴的处置措施。

"十四五"期间，湖北省进一步健全完善督察整改机制，充分发挥鄂东、鄂南、鄂西、鄂北、鄂中五个生态环境监察专员办公室督察职责，统筹推进中央生态环境保护督察和"回头看"、省级生态环境保护督察、长江经济带生态环境警示片发现问题整改。强化碳达峰目标责任考核督办，将碳达峰目标纳入省级生态环境保护督察内容。推进例行督察，加强专项督察，严格督察整改。加强生态环境保护督察数据系统建设与运用。严格排查、交办、核查、约谈、专项督察"五步法"工作模式，强化监督帮扶，压实生态环境保护责任。

4．加强省际协作

积极与豫、陕、渝、湘、皖、赣等周边省份合作，建立健全跨区域生态环境保护联动机制，促进长江中游城市群绿色发展，推进湖北长江经济带生态保护修复。协作维护好大别山、秦巴山、武陵山、幕阜山等重要生态功能区的生态功能。

9.3.3　强化监督考核

20 世纪 80 年代以来，我国逐步探索出一条中国特色的环境保护目标责任体系和问责机制，成为有效推动环保工作的重要执行机制。2016 年以后，以《生态文明体制改革总体方案》的全面实施和中央环境保护督察制度为标志，我国的环境保护目标责任体系建构进入新阶段。"十三五"期间，环境目标考核从强调主要污染物总量减排调整到以环境质量为核心，环境保护目标责任体系在增加专项考核的同时，引入了生态文明建设综合评价考核，强调生态环境保护领域相关部门常态化的分工机制，并开始建立领导干部生态环境损害终身追责制度，强调"党政同责、一岗双责"，生态文明建设目标责任体系及问责机制的框架基本形成。在生态文明建设目标责任体系及问责机制的推动下，我国长期以来积累的环境污染问题正逐步解决，

"环境违法是常态"的局面开始扭转。

在此基础上湖北省将生态环境质量改善年度和终期目标完成情况作为深入打好污染物防治成效考核的重要内容。对超额完成环境质量改善目标的地区和提前完成空气质量限期达标规划的城市，在中央污染防治专项资金分配上适当倾斜；对未完成环境质量改善目标的地区，从资金分配、项目审批、荣誉表彰、责任追究等方面实施惩戒，由省生态环境厅会同有关部门公开约谈政府主要负责人，提出整改意见，予以督促落实，并取消国家授予的有关生态文明荣誉称号，暂停建设项目环评审批；对工作不力、责任落实不到位、环境质量明显恶化、污染问题突出、监测数据弄虚作假严重的地区，将相关情况纳入生态环境保护督察，并视情况组织开展专项督查。

创新农村环境保护的党委负责制。借鉴浙江"千村示范、万村整治"工程建设经验，按照五级书记抓乡村振兴的要求，压实地方特别是党委主体责任，把农村环境保护纳入乡村振兴战略，作为重点任务优先安排；列入党委主要负责人重点工作，把完成"十四五"治理目标任务作为一项重要政绩考核指标，推动建立强有力的党委领导体制和工作推进机制。

创新农村环境监管手段。构建"政府监管、村民自治"的监管体系，运用大数据等技术手段，充分利用乡村治安网格化管理平台，及时发现农村环境问题，鼓励村民监督。通过微信平台、App等方式，对农村地区生态破坏和环境污染事件进行举报。通过开展农村美丽庭院评选、环境卫生光荣榜等活动，进一步发挥农民主体作用，依靠农民群众推动环境整治。

9.4 加强环境治理能力建设

新时期要着力加强环境治理的精细化和精准性，需要以完善的环境监测网络为基础。但是，从目前的情况来看，湖北全省的环境监测网络建设还难以满足环境保护的需要，主要表现在全省大气环境监测点位一般只在中心城区设置，且数量较少，难以全面反映区域的大气环境状况；水环境监测断面主要集中在大江、大河，对小微水体的监测还未覆盖；农用地详查基本完成，重点行业企业用地调查还未完成，土壤环境常规监测网络体系还未建立。

9.4.1 推进湖北省环境监测网络建设

响应环境保护管理精细化要求，以提升环境监测能力为核心，完善科技支撑体系，加快推进形成"天空地一体化"的生态质量监测网络。整合生态环境基础数据，建设覆盖全省的生态环境监测信息平台。推进省级以上工业园区站、重要港口站、重点城市主干道道路站建设。

1. 加强水环境监测

优化地表水环境质量监测网络，基本实现全省河长 50 km 以上的河流、水域面积大于 20 km^2 的湖泊、库容大于 2 亿 m^3 的水库及全部跨省、市、县界河流和湖库，各县级行政区、全省重要江河湖泊水功能区监测断面（点位）全覆盖。构建重点区域地下水质量监管和"双源"监控相结合的地下水环境监测体系。建立典型生态系统生态质量监测站点与样地网络，提升生态遥感监测能力。重点加强薄弱环节和县级监测网点布设，强化排污单位自动监控，推进水质监测质控和应急平台（一期）建设。增加区域环境质量数据量和提高数据精度，补齐环境数据短板，完成湖北省"十四五"国控断面优化调整，为分区施策、精准治污奠定基础。

2. 推进长江流域水生态环境监测预警工作

组织开展长江流域水生态调查监测，监测水质理化指标、水生生物指标和物理生境指标等，掌握长江流域水生态状况及变化趋势。重点推进工业企业排污口、城镇污水处理设施排污口及其他污水排放量较大、水质较差、环境影响较大的排污口整治，安装自动监控设施。推进入河排污口规范化建设，统一规范排污口设置，开展入河排污口设置审核工作。按季度做好湖北省长江流域水环境质量监测预警工作，开展长江及重要支流 65 个新增跨界断面的水质例行监测工作，启动湖北省长江经济带 57 个水质自动监测站的建设工作。谋划全省县级以上饮用水水源地水质自动监测站建设工作。

3. 做好空气质量监测与预测

加强大气环境监测网络建设，优化环境空气质量监测点位，除中心城区外，适当增加乡镇建成区的点位布设，每个县、市、区不少于 2 个监测点位，增加行政区边界区域的监测点位。建立省、市"天地车人"一体化的机动车污染排放监控平台。督促神农架背景站整改工作，监督区域站运行质量，背景站和 4 个区域站运行稳定，数据稳定性和传输率大幅提升。按照"应联尽联"的要求，完成 108 个省控站点、8 个超级站与国家平台数据联网。开展 $PM_{2.5}$ 和 O_3 协同控制监测、大气污染监控、温室气体监测，完善大气颗粒物组分及光化学监测网络。

4. 强化土壤和农村环境质量监测

完善土壤环境监测网络，实现土壤类型、土地利用类型、主要污染行业企业和县级行政区域等土壤环境质量监测全覆盖。积极推进土壤详查质控工作。完成对农用地土壤和农产品异常点位的现场核实和全流程问题排查，高质量完成农用地土壤详查成果集成工作。

5. 建立应急监测

加强环境应急监测装备建设和应急物资储备，完善环境风险源数据库，建立科学、高效的环境应急监测快速响应与联动机制，完善应急监测预案，加强应急监测专业队伍培训和应急监测演练，确保一旦发生突发环境污染事故能够迅速有序地开展应急监测工作。加强与周边地区在跨行政区域突发环境事件中的应急监测合作。加强环境风险预警及应急能力标准化和基地建设，全面提升环境应急监测能力。

9.4.2　加强环境信息系统建设

推进各层级各部门生态环境质量、污染源监测和环境统计数据互联共享，完善湖北省污染源监测信息管理平台，系统解决目前环境信息数据破碎化、利用效率不高等问题。通过整合共建部门、其他部门等相关数据资源，建立涵盖长江大保护全要素的数据库，推动公安、环保、能源、交通、水利、气象等部门数据资源汇聚和共享，构建全省统一的生态环境保护智慧平台，通过系统分析、计算和模拟，形成生态环境信息"一张图"，提升全省生态环境治理数字化和智慧化水平。

通过信息化建设，提升对环境要素的有效管理、综合评价、溯源分析及预测预警能力，加强生态环境变化趋势及预测、生态环境系统与经济社会发展的协同与耦合研究、生态环境政策的运用及生态环境质量的政策响应研究，为制定有效、有力、科学的管理决策提供支持，为全省环境质量的进一步改善和环境风险防控提供科学支撑，进一步提升生态环境管理效率。

9.4.3　强化人才与科技支撑能力建设

虽然湖北省生态环境人才队伍建设取得积极进展，但目前在数量规模、结构层次、制度政策上仍然不能适应生态环境新形势的需要。下一步应深入实施新时代生态环境人才战略，建立适应新型智慧环保建设的人才引进、培养和流动机制，积极谋划建设高端生态环境科技人才数据库，加强人员队伍培训和装备建设，不断提高环保人员业务本领，建设一支政治强、本领高、作风硬、敢担当，特别能吃苦、特别能战斗、特别能奉献的生态环境保护铁军。支持生态环境科技领军人才发挥引领作用，做好"传帮带"，组建高水平创新团队，形成科技领军人才成长梯队。

科技创新是生态文明建设的有力支撑，是推动解决生态环境问题的利器。当前生态文明发展面临日益严峻的环境污染，需要大力推进生态环境科技创新，以高水平保护推动高质量发展、创造高品质生活。下一步应加强污染控制、生态保护修复、绿色发展、清洁生产、碳达峰、碳中和等方面的基础研究和技术研发，提升生态环境科学技术支撑能力。建设一批生态环境保护重点实验室、技术创新中心等科研平台。加强重点生态环境问题治理科技攻关，推进产学研用深度融合，推动环保实用技术推广和科技成果转化。

9.5　严格环境行政执法

　　湖北省以生态文明建设作为重点工作领域，各级人大及其常委会通过执法检查、听取审议工作报告、专题询问、质询等监督形式，持续开展环保世纪行等活动，督促有关方面认真实施生态环境保护法律法规，抓紧解决突出生态环境问题。对于监督检查中发现的问题，做到依法交办、督促解决落实到位。各级政府及有关部门以生态环境质量"只能更好、不能变坏"作为责任底线，扛起生态文明建设和生态环境保护的政治责任，建立健全并严格落实环境保护目标责任制和考核评价制度，依法推动企业主动承担全面履行保护环境、防治污染的主体责任。坚持谁执法、谁普法的原则，加强生态环境保护法律法规宣传普及。充分发挥各级监察机关和司法机关的职能作用，完善生态环境保护领域民事、行政公益诉讼制度，依法严惩重罚生态环境违法犯罪行为，让法律法规成为刚性约束和不可触碰的高压线。

9.5.1　完善生态保护监督执法制度

　　落实中央生态环境保护督察制度，将生态保护工作开展、责任落实等情况纳入省级督察范畴，对问题突出的开展机动式、点穴式专项督察。完善生态监督执法制度，扎实推进生态环境保护综合行政执法改革，推进《生态环境保护综合行政执法事项指导目录》的实施。完善各领域监管制度措施，依法依规开展生态保护监管。通过非现场监管、大数据监管、无人机监管等应用技术，对破坏湿地、林地、草地等的开矿、修路、筑坝、建设、围填海、采砂和炸礁行为进行监督。强化对湿地生态环境保护、荒漠化防治、岸线保护修复和水产养殖环境保护的监督。

9.5.2　加强生态保护监管综合执法

　　优化提升国家生态保护红线监管平台，加快建立省级生态保护红线监管平台，实现国家与地方互联互通。开展生态保护红线内生态环境和人类活动本底调查，加强生态保护红线面积、功能、性质和管理实施情况的监控。加快推进生态保护红线生态破坏问题监管试点，推动建立生态保护红线生态破坏问题"监控发现—移交查处—督促整改—移送追责"的监管机制。加强自然保护地生态环境综合行政执法，严肃查处自然保护地内开矿、筑坝、修路、建设等破坏生态环境的违法违规行为。持续开展自然保护地"绿盾"强化监督。建立健全自然保护地生态环境问题台账，严格落实整改销号制度，督促重点问题依法查处到位、彻底整改到位。

以自然保护地、生态保护红线为重点，依法统一开展生态环境保护综合行政执法，完善执法信息移交、反馈机制，及时将生态破坏问题线索移交有关主管部门，及时办理其他部门移交的问题线索。强化生态环境保护综合行政执法与自然资源、水利、林草等相关执法队伍的协同执法，形成执法合力。重点开展海洋生态保护、土地和矿产资源开发生态保护、流域水生态保护执法，及时发现查处和跟踪督办各类生态破坏问题。

9.5.3 提高环保执法的有效性

为提高环保执法的有效性，湖北省积极推动生态环境保护综合执法改革，全面梳理、规范和精简执法事项，推动行政执法队伍综合设置，大幅减少执法队伍种类，着力解决多头多层重复执法问题，统筹配置行政处罚职能和执法资源。按照属地管理、重心下移的原则减少执法层级，合理划分各级生态环境保护综合执法队伍的执法职责。加强队伍建设，建立健全执法队伍管理制度，严格实行执法人员持证上岗和资格管理制度，全面推进执法标准化建设，统一执法制式服装和标志，以及执法执勤用车（船艇）配备，努力打造政治强、本领高、作风硬、敢担当，特别能吃苦、特别能战斗、特别能奉献的生态环境保护执法铁军。

在执法过程中，严格落实《关于进一步强化生态环境保护监管执法的意见》，督促落实企业主要负责人第一责任，严格落实"双随机、一公开"监管机制，有效利用科技手段严查违法行为，集中力量查处大案要案，坚决禁止执法"一刀切"问题。持续开展环境执法专项行动，加强综合执法，创新查纠方式，更多地采取互查、抽查、突查、暗访等形式，及时发现问题、消除隐患。加强环境监管执法与刑事司法联动，以零容忍的态度打击环境违法行为，对环境违法案件发现一起、查处一起。

延续中央生态环境保护督察问题解决机制，畅通环保督察热线、"12345"政务服务热线等投诉渠道，发动群众参与监督，公开曝光典型案件，形成全社会关心支持和参与环保的浓厚氛围。

9.5.4　加强环境行政执法与司法联动

湖北省在司法联动上做出了大胆尝试。"十三五"时期，省法院、省公安厅、省环保厅等部门联合下发《关于加强协作配合依法打击环境违法犯罪行为的通知》，建立违法犯罪线索通报、重大案件沟通协调、工作情况联席会议等制度，强化部门联动，形成保护合力。发布《湖北长江生态环境资源司法保护白皮书》，并公布十起典型案例。构建长江经济带环境资源司法协同机制，与长江经济带其他省（市）及青海省共同签署《长江经济带11+1省市高级人民法院环境资源审判协作框架协议》，加强长江流域区域协作生态环境统筹保护。着力推进环境资源审判模式专门化，武汉、宜昌、十堰、汉江中级人民法院探索环境资源"二合一""三合一"审判模式，对环境资源民事、行政、刑事案件实行归口管理，统一由环境资源审判庭进行审理。

同时，加快建立健全生态环境保护行政执法和刑事司法衔接机制，建立环境保护联席会议制度、常设联络员和重大案件会商督办、重大环境事件应急处理制度等制度。充分运用传统媒体和微信、微博、新闻客户端等新媒体，通过巡回审判、现场办案、公开庭审、公开宣判、发布环境资源典型案例等形式广泛宣传环境资源保护法律法规，宣传环境司法保护工作措施和成果，加深社会各界和人民群众对环境审判工作的理解、支持和帮助。

9.6　发挥市场机制激励作用

环境经济政策更注重运用市场经济手段对经济主体进行内生调控，与行政管制型政策相比，更有利于形成生态环境保护的长效机制。我国环境经济政策改革的方向是围绕效率目标优化环境经济政策的结构，提升环境政策质量，激发绿色动能、推动实现高质量发展。

湖北省现行的自然资产负债表、生态补偿、生态环境损害赔偿改革等很多环境经济政策还在试点阶段。部分市（州）的基层政府由于担心追责对开展生态环境损害赔偿工作普遍缺乏主观能动性。排污权市场交易制度不完善，经常出现富余指标企业"惜售"的情况，各地企业与企业之间的排污权交易经验不足，市场化的减排激励约束机制尚不完善。湖北省绿色金融政策的数量相对较少、效力不高，地方政府、环保部门、金融监管部门等对绿色发展理念的重视程度不够，未形成统一认识。生态保护补偿制度建设相对滞后，补偿范围目前只涉及空气和水。

现阶段湖北省环境经济政策虽然取得了一定的成效，但所发挥的作用空间并不是很大，而且也与现行的经济发展制度缺乏深度融合。环境经济政策的覆盖面也较为狭窄，注重对生产环节的环境保护，忽视了对流通、分配及消费环节等的制约和调控，从而导致环境经济政策在企业中实施效果不佳。同时，由于环境经济政策的惩罚性力度不足，少数企业会冒险违反环境经济政策。政府部门重制定、轻评估、轻实施的方式严重影响了政策的有效性。"十四五"期间，为更好地发挥市场机制的激励作用，湖北省的环境经济政策需要在以下几个方面进行完善。

1. 加快绿色金融体系建设

加强绿色金融政策研究，研究制定湖北省构建绿色金融体系工作指导意见和年度行动方案，完善相关配套政策，确保绿色金融体系构建工作顺利推进。深化绿色信贷政策，放宽"绿色信贷"规模控制，实施差别信贷政策，进一步协调推动绿色票据、绿色债券的发行工作。建立绿色评级体系，加强与金融监管部门的协调与配合，积极推动银行信息披露机制的建立，及时将违法违规信息等企业环境信息纳入金融信用信息基础数据库，为金融机构贷款和投资决策提供依据。鼓励绿色公司上市，分批次进入武汉股权托管交易中心、"新三板"、创业板、中小板等多层次资本市场。加大对大生态项目融资政策支持的力度，推动大生态绿色产业的健康发展。完善绿色证券债券政策，推动上市公司环境信息公开，培育和发展绿色债券市场。对于高环境风险企业强制推行环境污染责任保险。

创新农村环保投融资机制。可采用整县农村垃圾或污水处理项目打包，委托有资质第三方企业建设运营，也可采用城镇环境基础设施改扩建项目与农村环境整治项目打捆，或与生态旅游、房地产开发项目捆绑等方式，吸引社会资本参与农村环境整治。有条件的地区可实行污水垃圾处理农户缴费制度，建立财政补贴与农户缴费合理分摊机制。

2．加快推进排污权交易

研究制定鼓励排污权交易的财税等扶持政策，建立排污权储备制度，回购排污单位"富余排污权"，强化对排污单位的监督性监测，进一步加大执法监管力度，保证市场运作的公平性。鼓励各地积极探索企业与企业之间的排污权交易，逐步建立市场化的减排激励约束机制。推进排污权抵押贷款工作，有效利用金融手段推进排污权交易。进一步完善排污权交易制度，指导各地加强排污权核定结果与项目环评审批、排污许可实施等工作的有机衔接，重点厘清应交易而未交易的企业所对应的排污权，进一步推进排污权初始核定工作的深入开展和成果应用。积极推进"富余排污权"交易工作，鼓励各地已购买排污权但实际未建设或未投产的建设项目及时通过排污权交易转让排污权。

3．加强绿色税收

推行绿色税制，通过对税制的改革促进环境经济政策的实施，企业也会更加积极地参与到环境保护中。做好环境保护税征收工作，鼓励、引导各市（州）依据环境保护税法及相关规定制定、出台适合本地区实际情况的条例、政策，让企业在生产过程中将环境资源融入税制之中，扩大环境经济政策的落实范围。完善环境收费政策，解决环境经济政策中企业的违法行为，对其形成约束，从而有效实施环境经济政策。

4．建立健全生态补偿机制

严格落实《建立市场化、多元化生态保护补偿机制行动计划》和《关于建立省内流域横向生态补偿机制的实施意见》等要求，按照市场化和多元化的总要求，逐步推进全省补偿范畴的多维度、补偿对象的多层面、补偿方式的多元化。扩大生态补偿机制的实施范围，总结通顺河、黄柏河、天门河、梁子湖、陆水河等流域生态补偿的经验，加快在全省范围推广。拓展生态补偿的维度，将当前针对水、空气的生态补偿拓展至森林、湿地等重点领域。生态补偿对象要坚持多层面，补偿对象不能仅限于政府与政府之间，还应对贡献较大生态价值的企业、集体和个人进行适当补偿，以此调动更多力量积极投身生态环境保护。对于补偿额度的确定，要以社会承受最大限度为补偿上限，以保护环境基本支出为补偿下限，充分考量区域发展阶段、补偿承受能力、市场价格及生态服务价值等因素，兼顾生态功能区因丧失经济发展机会而带来的损失。生态补偿方式要多元化。要通过完善法律法规，引导企业、社会团体、非政府组织等各类受益主体主动履行生态补偿义务。加强政策、科技、产业等方面的扶持与补偿，促进生态补偿由"输血式"转变为"造血式"，增强被补偿地区的内生发展动力。加快推进长江流域跨省生态补偿。

5. 建立生态产品价值实现机制

积极开展自然生态资源普查，组织开展自然资源资产分布状况普查，全面掌握了解全省土地、矿产、森林、草原、湿地、河流、湖泊、地下水等自然资源状况，摸清全省自然资源资产的家底及其变动情况，为建立健全科学规范的自然资源资产统计调查制度、编制自然资源资产负债表、开展领导干部自然资源资产离任审计工作提供依据。要逐步建立多元化的生态补偿和资源有偿使用制度。积极发展资源环境权益交易，完善资源环境价格机制，继续探索完善用水权、用能权、碳排放权、排污权交易体系。出台湖北省生态产品价值实现机制实施意见，研究制定生态产品价值核算与产品定价技术方法、产品认证标准与成果运用机制，在全省建立生态产品的"价值核算—产品定价—产品认证—运用（交易、补偿等）"的价值实现机制。

充分利用农村地区良好的生态资源优势，探索"绿水青山"向"金山银山"转化路径，融合推进农村生态产业发展。引导有条件的地区将农村环境整治与特色农产品种养、休闲农业、乡村旅游、美丽乡村、康养产业等有机结合，把激发村民改善环境的内生动力与增收致富结合起来，实现农村产业融合发展与人居环境改善互相促进。

6. 落实生态环境损害赔偿制度

加大对全省各级各部门生态环境损害赔偿制度改革工作的宣传力度。筛选生态损害赔偿制度改革案例，充分利用新闻媒体大力宣传工作成果和经验做法，使一些亮点成为湖北经验。加大对各市（州）改革推进落实的督查督办力度，建立定期通报督办机制，开展定期不定期督查，确保各市（州）环保部门按时按点、保质保量完成各项改革任务。建立并完善生态环境损害鉴定评估机制，推进环境损害赔偿制度改革，加强全省环境损害司法鉴定评估机构能力建设。

7. 加大财政投入力度

积极争取中央资金对湖北省"十四五"生态环境保护重点工作的支持，争取将省级环境保护重点项目纳入国家相关生态环境保护与污染治理规划，同时争取将重点项目纳入湖北省"十四五"规划项目库范围，保障环保资金投入。国际上将环保投入占国内生产总值的 1%～1.5% 视为环境恶化情况在可控范围，当比例达到 2%～3% 时认为环境治理已经取得了一定成效。2016—2018 年，湖北省财政累计安排下达环保资金 470 亿元，占地区生产总值的比例仅为 0.43%，远低于全国 1.61% 的平均水平，各项治理资金缺口较大，影响治理项目推进。加大地方各级财政对环境保护的投入力度，调整财政支出结构，把环境保护投入纳入公共财政支出的重点。紧密围绕改善生态环境质量、解决危害公众健康的突出环境问题使用环保资金，提高地方环保财政资金绩效。大力开展政府购买环境公共服务及政府和社会资本合作的特许经营模式。建立和完善激励企业、社会参与环境保护的投融资机制。

9.7　强化信息公开与公众参与

在我国环境治理中，公众参与一直受到重视。在公众参与作为环境保护基本原则的指导下，公众的环境权益在方针政策、法律法规、规章规范等方面不断得到确认和维护。党的十八大以来，党对公众参与高度重视，并在党的十九大报告中提出坚持全民共治，"构建政府为主导、企业为主体、社会组织和公众共同参与的环境治理体系"。2020 年 3 月，中共中央办公厅、国务院办公厅印发《关于构建现代环境治理体系的指导意见》，进一步提出构建"党委领导、政府主导、企业主体、社会组织和公众共同参与"的现代环境治理体系。可以说，公众参与已经成为美丽中国建设的内在要求，而公众参与环境治理也是"十四五"时期湖北省环境保护的重点。

1. 强化信息公开

加大信息公开力度，加强政府和企事业单位环境信息公开。政府每月公布地级及以上城市环境空气质量状况、重要政策措施和突发环境事件，保障公众环境知情权。重点排污单位及时公布自行监测和污染物排放数据、污染治理措施、重污染天气应对、环保违法处罚及整改等信息，已核发排污许可证的企业应按要求及时公布执行报告。机动车和非道路移动机械生产、进口企业依法向社会公开排放检验、污染控制技术等环保信息。完善企业环境信用记录和违法排污黑名单制度、上市公司环保信息强制披露机制及能效和环保"领跑者"制度，持续激励企业主动落实环保责任。

2. 推进环保设施向公众开放工作

组织各地环境、住建部门确认核定和申报第三批全国环保设施向公众开放单位名单，并对环保设施向公众开放单位发放相关宣传物资。目前，湖北省共有 2 批 16 家单位被列入全国环保设施向公众开放单位名单。加强推进省、市、县三级联动，实现环保设施向公众开放工作的省、市、县全覆盖。各地还通过加强部门联动、充分运用新媒体等方式进一步强化宣传力度。

3. 拓宽公众参与途径

强化公众参与。强化公众在生态环境保护工作中的作用，构建政府、企业和公众共建、共治、共享的环境治理体系。建立公众参与环境管理决策的有效渠道和合理机制，扩大公众环境参与权。优化公众参与环境决策的途径，对于涉及群众利益的重大决策和建设项目，通过建立沟通协商平台的方式广泛听取公众意见和建议，实现专家与利益团体、公众的讨论与沟通。利用网络信息化平台，鼓励公众对政府环保工作、企业排污行为进行监督评价，强化公众环境监督权。推进全民行动。引导环保社会组织有序发展，加快建立和完善环境公益诉讼制度，赋予公众环境诉讼权。大力发展环境慈善和救助，全面优化环境保护社会治理方式，形成"环境情况社会知悉、环境保护广泛参与、环境问题共同解决、环境服务全民共享"的良好局面。加快构建环境社会政策，加快构建因环境问题引发的社会风险防范与应对制度体系。

4. 加强环境教育

积极开展多种形式的宣传教育，充分发挥湖北省环境保护政府奖的引导作用，普及环境污染防治的科学知识，并将其纳入国民教育体系和党政领导干部培训内容。新闻媒体要充分发挥监督引导作用，积极宣传生态环境管理法律法规、政策文件、工作动态和经验做法等。

加大国家、省级青少年环境教育项目合作力度，积极开展全省大型青少年活动。加大中小学及学龄前儿童的环境教育力度，积极为中小学校加强校园环境管理和环境渗透教育提供服务。针对低龄儿童的兴趣特点，通过组织环保绘本阅读、家庭社区调研等一系列活动，引导孩子们理解垃圾分类和践行绿色生活方式的意义。

参考文献

毕军，马宗伟，刘蓓蓓，等. 中国环境规划学科发展：现状与展望[J]. 中国环境管理，2021，13
（5）：159-169.

陈健鹏. 从政府监管视角看生态环境治理体系和治理能力现代化[J]. 环境与可持续发展，2020，45
（2）：17-21.

陈伟伟，杨悦. 我国环境治理体系构建的逻辑思路[J]. 环境保护，2020，48（9）：18-24.

邓伟，李建，唐艳秋. 重庆市环境规划：四十年回顾与展望[J]. 环境影响评价，2020，42（6）：
30-36.

董凯辉，张宏锋，叶晓颖，等. 生态环境保护"十四五"规划信息化平台构建与初步设计：以湛
江市为例[J]. 环境科学与管理，2023，48（1）：33-35.

董伟. 环境保护总体规划理论与实践[M]. 北京：中国环境科学出版社，2012.

董战峰，葛察忠，贾真，等. 国家"十四五"生态环境政策改革重点与创新路径研究[J]. 生态经济，
2020，36（8）：13-19.

杜群，车东晟. 新时代生态补偿权利的生成及其实现：以环境资源开发利用限制为分析进路[J]. 法
制与社会发展，2019，25（2）：43-58.

杜雯翠，江河. 加快构建现代环境治理体系，切实提高环境治理效能[J]. 环境保护，2020，48（6）：
36-41.

樊杰. 我国"十四五"时期高质量发展的国土空间治理与区域经济布局[J]. 中国科学院院刊，2020，
35（7）：796-805.

樊涛. "十四五"期间大气环境治理的有效策略分析[J]. 清洗世界，2023，39（7）：161-162.

高国力. 推动适应高质量发展要求的区域经济布局研究[J]. 区域经济评论，2020（4）：38-44.

高吉喜，李广宇，张怡，等. "十四五"生态环境保护目标、任务与实现路径分析[J]. 环境保护，

2021，49（2）：45-51.

郭怀成，尚金城，张天柱. 环境规划学[M]. 北京：高等教育出版社，2021.

郭兆晖. 生态文明建设"十四五"规划与二〇三五远景目标[J]. 领导科学论坛，2020（20）：3-32.

何明俊. 城乡规划法学[M]. 南京：东南大学出版社，2016.

胡天蓉，刘之杰，曾红鹰. 政府、企业、公众共治的环境治理体系构建探析[J]. 环境保护，2020，
    48（8）：51-53.

黄润秋. 深入贯彻落实党的十九届五中全会精神，协同推进生态环境高水平保护和经济高质量发
    展[J]. 环境保护，2021，49（Z1）：13-21.

黄圣鸿，王明旭，赵卉卉. 基于国际对标情景的"十四五"广东省环境经济形势研判研究[J]. 环境
    科学与管理，2021，46（12）：48-53.

纪涛，邱倩，江河. 《"十三五"生态环境保护规划》的特点分析：基于与《国家环境保护"十
    二五"规划》的对比[J]. 环境保护，2017，45（22）：56-59.

李道宁. 生态环境保护"十四五"规划分析与建议：以辽宁省本溪市为例 [J]. 资源节约与环保，
    2020（8）：126-127，130.

李海生，孙启宏，高如泰，等. 基于 40 年改革开放历程的我国环境科技发展展望[J]. 环境保护，
    2018，46（23）：9-13.

李金哲，刘朋. 党领导国家远景规划的深层治理意涵[N]. 中国社会科学报，2020-10-29（5）.

李乐，周波，郑军. "十四五"生态环境保护国际合作的趋势分析与对策建议[J]. 环境保护，2020，
    48（11）：55-57.

李晓亮，董战峰，李婕旦，等. 推进环境治理体系现代化，加速生态文明建设融入经济社会发展
    全过程[J]. 环境保护，2020，48（9）：25-29.

李英，郝勇. 重点流域保护"十四五"规划及工作部署[J]. 资源节约与环保，2021（8）：107-108.

李志涛，刘伟江，陈盛，等. 关于"十四五"土壤、地下水与农业农村生态环境保护的思考[J]. 中
    国环境管理，2020，12（4）：45-50.

刘贵利，郭健，江河. 国土空间规划体系中的生态环境保护规划研究[J]. 环境保护，2019，47（10）：
    33-38.

刘峥延，毛显强，江河. "十四五"时期生态环境保护重点方向和任务研究[J]. 中国环境管理，2019，

11（3）：40-45.

吕红迪，万军，秦昌波，等. 环境保护系统参与空间规划的思考与建议[J]. 环境保护科学，2017，
    43（1）：6-8，65.

罗铮. 编制省级"十四五"生态环保规划的几点思考[J]. 中国生态文明，2020（5）：72-74.

马乐宽，谢阳村，文宇立，等. 重点流域水生态环境保护"十四五"规划编制思路与重点[J]. 中国
    环境管理，2020，12（4）：40-44.

马鹏. 基于生态环境保护的长江流域区域规划与设计[J]. 环境工程，2021，39（10）：284.

孟志烨，杜颖. 十四五规划下环保产业发展趋势研究[J]. 资源节约与环保，2021（11）：140-142.

秋缬滢. 论生态环境保护规划的定位及"多规合一"的落实[J]. 环境保护，2016，44（13）：48-52.

生态环境部. 生态环境监测规划纲要（2020—2035 年）[EB/OL]. （2020-06-21）[2025-02-07].
    https://huanbao.bjx.com.cn/news/20200619/1082658.shtml.

生态环境部. 关于印发《关于推进生态环境监测体系与监测能力现代化的若干意见》的通知
    [EB/OL].（2020-04-23）[2025-02-07]. https://www.envsc.cn/details/index/6697.

田自强，邓义祥. 水生态环境保护"十四五"规划试点及对流域规划编制的启示[J]. 中华环境，
    2021，84（8）：33-34.

王烽，金科. 浅谈"十四五"生态环境保护规划的编制：以浏阳市为例[J]. 环境保护与循环经济，
    2021，41（10）：89-92.

王金南，蒋洪强. 环境规划学[M]. 北京：中国环境出版社，2015.

王金南，秦昌波，万军，等. 国家生态环境保护规划发展历程及展望[J]. 中国环境管理，2021，13
    （5）：20-28.

王金南，孙宏亮，续衍雪，等. 关于"十四五"长江流域水生态环境保护的思考[J]. 环境科学研究，
    2020，33（5）：1075-1080.

王金南，万军，秦昌波，等. 国家"十四五"生态环境保护规划研究：思路与框架[M]. 北京：中
    国环境出版集团，2022.

王金南，万军，王倩，等. 改革开放 40 年与中国生态环境规划发展[J]. 中国环境管理，2018，10
    （6）：5-18.

王金南，王夏晖. 推动生态产品价值实现是践行"两山"理念的时代任务与优先行动[J]. 环境保护，

2020，48（14）：9-13.

王绍光，鄢一龙. 大智兴邦：中国如何制定五年规划[M]. 北京：中国人民大学出版社，2015.

王伟，江河. 现代环境治理体系：打通制度优势向治理效能转化之路[J]. 环境保护，2020，48（9）：30-36.

王伟，芮元鹏，江河. 国家治理体系现代化中生态环境保护规划的使命与定位[J]. 环境保护，2019，47（13）：37-43.

王夏晖，何军，饶胜，等. 山水林田湖草生态保护修复思路与实践[J]. 环境保护，2018，46（1/4）：17-20.

王夏晖，陆军，饶胜. 新常态下推进生态保护的基本路径探析[J]. 环境保护，2015，43（1）：29-31.

王夏晖，张箫，牟雪洁. 国土空间生态修复规划编制方法探析[J]. 环境保护，2019，47（5）：36-38.

王夏晖，张箫. 我国新时期生态保护修复总体战略与重大任务[J]. 中国环境管理，2020，12（6）：82-87.

王夏晖，朱媛媛，文一惠，等. 生态产品价值实现的基本模式与创新路径[J]. 环境保护，2020，48（14）：14-17.

王一波. 生态文明建设背景下的大河流域国土空间用途规划[J]. 测绘通报，2021（8）：135-139.

王志伟. 生态环境治理的信息化体系建设思路[J]. 科技创新与应用，2020（30）：53-54.

文宇立，叶维丽，刘晨峰，等. "十三五"总氮、总磷总量控制政策建议[J]. 环境污染与防治，2015，37（3）：27-30.

吴健，王菲菲，胡蕾. 空间治理：生态环境规划如何有序衔接国土空间规划[J]. 环境保护，2021，49（9）：35-39.

吴舜泽，崔金星，殷培红. 把生态文明制度体系优势转化为生态环境治理效能：解读《关于构建现代环境治理体系的指导意见》[J]. 环境与可持续发展，2020，45（2）：5-8.

吴舜泽，郭红燕. 环境治理体系的现代性特征内涵分析[J]. 中国生态文明，2020（2）：11-14.

解振华. 中国改革开放40年生态环境保护的历史变革：从"三废"治理走向生态文明建设[J]. 中国环境管理，2019，11（4）：5-10，16.

熊善高，万军，于雷，等. 我国环境空间规划制度的研究进展[J]. 环境保护科学，2016，42（3）：1-7.

徐梦佳，刘冬，葛峰，等. 长江经济带典型生态脆弱区生态修复和保护现状及对策研究[J]. 环境保护，2017，45（16）：50-53.

徐梦佳，刘冬，顾金峰. 面向"十四五"的生态环境保护规划指标分析与建议[J]. 环境生态学，2019，1（6）：27-32.

徐敏，秦顺兴，马乐宽，等. 水生态环境保护回顾与展望：从污染防治到三水统筹[J]. 中国环境管理，2021，13（5）：69-78.

徐敏，张涛，王东，等. 中国水污染防治40年回顾与展望[J]. 中国环境管理，2019，11（3）：65-71.

学习贯彻习近平新时代中国特色社会主义经济思想，做好"十四五"规划编制和发展改革工作系列丛书编写组. 强化思想引领，谋篇"十四五"发展[M]. 北京：中国计划出版社，2021.

鄢一龙. 改革开放与中国五年规划体制转型[J]. 东方学刊，2019（2）：69-85，135.

杨晶晶，王东，马乐宽，等. 贯彻落实《长江保护法》建立健全长江流域生态环境保护规划体系[J]. 环境保护，2021，49（Z1）：89-93.

杨伟民，等. 新中国发展规划70年[M]. 北京：人民出版社，2019.

杨永恒. 发展规划定位的理论思考[J]. 中国行政管理，2019（8）：9-11，16.

尹艳林. 中共中央关于制定国民经济和社会发展第十四个五年规划和二〇三五年远景目标的建议辅导读本：推动区域协调发展[M]. 北京：人民出版社，2020.

张岚，姜霞，董姣. 论"十四五"水污染防治资金项目储备的总体思路[J]. 环境保护，2022，50（21）：9-12.

张兴. 新方位中自然资源"十四五"规划思考与建议[J]. 中国国土资源经济，2018，31（12）：31-34.

郑军. "十四五"生态环境保护国际合作思路与实施路径探讨[J]. 中国环境管理，2020，12（4）：68-72.

周宏春，姚震. 构建现代环境治理体系，努力建设美丽中国[J]. 环境保护，2020，48（9）：12-17.